모터바이크
정비 교과서

KETTEIBAN OTOBAI NO SENSHA · MAINTENANCE NYUMON
edited by Norio Sakuma, photo by Norio Sakuma, Takashi Kajiwara, Masato Shibata

모터바이크 정비 교과서

라이더의 심장을 울리는
모터사이클 정비 메커니즘 해설

스튜디오 택 크리에이티브 지음
강태욱 옮김

보누스

PART 1 정비 전에 필요한 기초 지식

PART 2 정비에 사용하는 공구와 약품

PART 3 엔진 주변부의 정비

PART 4 바퀴 주변의 정비

PART 5 전기 부품의 정비

PART 6 세차와 체인 드라이브 정비

일러두기

- 이 책은 숙련된 사람의 지식과 작업, 기술을 바탕으로 하며 독자에게 도움이 되리라 판단한 내용을 편집한 뒤 재구성한 것입니다. 따라서 이 책은 모든 사람의 작업 성공을 보장하지 않습니다. 출판사와 주식회사 STUDIO TAC CREATIVE 및 취재에 응한 각 회사는 작업의 결과와 안전성을 일절 보장하지 않습니다. 또한 작업 중에 물적 손해와 상해가 일어날 가능성이 있습니다. 작업상 발생한 물적 손해와 상해는 당사에서 일절 책임지지 않습니다. 모든 작업의 위험 부담은 작업을 진행하는 본인이 지므로 충분한 주의가 필요합니다.

- 사용하는 물건을 개조하거나, 사용 설명서와 다르게 사용하면 문제가 발생해 사고 원인이 될 수 있습니다. 제조사가 권장하지 않는 방법을 사용하면 보증 및 PL법의 대상에서 제외됩니다.

- 부품을 주문할 때는 제조사나 판매점에 차종, 가격, 재고 등을 반드시 사전에 문의하시기 바랍니다. 부품의 주문, 장착 및 성능에 관한 손해에 관해 당사는 일절 책임지지 않습니다.

- 이 책은 2022년 6월 30일까지의 정보를 기준으로 편집했습니다. 따라서 이 책에 작성된 상품 및 서비스의 명칭, 사양, 가격 등은 제조사 및 소매점의 사정에 따라 예고 없이 변경될 수 있으므로 충분한 주의가 필요합니다.

- 사진과 내용이 실물과 일부 다를 수 있습니다.

점검 · 정비표 (주행거리)

	~ 500km마다	~ 1,000km	~ 3,000km마다
점검·정비 작업 항목	· 체인 세척과 주유 (500km 미만이더라도 우천 주행 이후에는 반드시 청소 및 주유) 152쪽	· 엔진오일 교체 52쪽 · 오일 필터 교체 56쪽 · 체인 장력 조절 78쪽	· 엔진오일 교체 52쪽 · 오일 필터 교체 (오일 교체 2회에 1회 정도) 56쪽

주행거리와 사용 방법에 따라 점검·정비를 실시하자

먼저, 모터바이크 제조사가 지정한 점검 및 교체 주기는 적어도 지키도록 노력한다. 이를 지키지 않으면 제조사의 보증을 받지 못할 수도 있다. 브레이크 패드, 체인 드라이브, 스프로킷 등의 소모품은 모터바이크를 타는 방법에 따라 수명이 크게 달라지므로 딱 맞춰서 ○○km마다 교체해야 한다고 단언하기가 어렵다.

차량 제조사가 지정한 교체 주기만큼은 지키자. 많이 타거나 정체로 인해 아이들링 시간이 길었다면, 또는 6개월에 3,000km 이상 달렸다면 시비어 컨디션(12쪽 참고)에 해당하므로 소모품의 교체 주기를 앞당기면 좋다.

~5,000km마다	~10,000km마다	~20,000km마다	~30,000km
· 점화 플러그 교체 (일반 플러그, 이리듐 플러그) 62쪽	· 에어 클리너 엘리먼트 청소(습식)	· 에어 클리너 엘리먼트 교체 (건식 · 비스커스식) · 체인 드라이브와 스프로킷 교체	· 점화 플러그 교체 (일부 차량에서 채용하는 긴 수명의 이리듐 플러그) 62쪽

모터바이크 제조사가 지정한 주기보다 모터바이크 가게나 용품을 파는 가게가 권장하는 교체 주기가 짧은 경향이 있다. 시비어 컨디션(12쪽 참고)에 해당하는 상황이거나 자신의 모터바이크를 다루는 방법에 따라 점검과 정비의 빈도를 늘리자. 위에 있는 표를 기준으로 삼아서 점검과 정비를 검토하고 모터바이크를 좋은 컨디션으로 유지하자.

점검 · 정비표
(연월)

	1개월	6개월	1년		2년
일일 점검	라이더의 판단으로 적절한 시기에 진행				
정기 점검			12개월 정기 점검		12개월 정기 점검
차검 (50cc 이상)					
차량 제조사가 지정한 점검	초회 점검(1개월 또는 1,000km 주행 시)	6개월 점검·시비어 컨디션 점검	12개월 점검	6개월 점검·시비어 컨디션 점검	12개월 점검
소모품의 점검 및 교체	·엔진오일 교체 (이후는 3개월 또는 3,000km 주행마다) ·오일 필터 교체 ·체인 장력 점검 ·점화 플러그 점검	·에어 클리너 엘리먼트 점검 ·브레이크 패드 및 슈의 마모 점검 ·스포크 장력 점검 ·체인 장력 점검			·브레이크 플루이드 교체(2년마다) ·냉각수

시간이 흐르면서 각 부품의 열화가 진행된다

주행거리와 관계없이 시간이 흐르면 오일과 부품이 열화한다. 예를 들면 엔진오일과 냉각수는 점점 산화되며, 브레이크 플루이드는 수분을 빨아들여 본래 기능을 발휘하기 어렵다. 게다가 타이어 및 브레이크 캘리퍼의 더스트 실, 연료 호스, 브레이크 호스의 고무 부분은 자외선의 영향으로 딱딱해지거나 갈라지기도 한다.

열화가 조금씩 진행되면, 타고 있는 당사자가 서서히 적응해서 그런지 열화를 전혀 깨닫지 못할 때도 있다. 법이 정하는 정기 점검, 차량 제조사가 지정하는 점검은 필수다. 특히 차검을 하지 않는 50cc 미만의 차량은 점검을 소홀히 하기 쉽다. 점검·정비 주기표를 참고해서 반드시 정기적으로 점검한다.

주행거리가 짧아도 브레이크 플루이드나 냉각수는 산화나 흡습 탓에 서서히 열화가 진행되고, 본래 기능을 발휘하지 못하기도 한다. 연료 호스와 브레이크 호스 등 고무 부품도 교체해야 한다.

	3년		4년		5년
라이더의 판단으로 적절한 시기에 진행					
	24개월 정기 점검		12개월 정기 점검		24개월 정기 점검
	차검		차검		차검
6개월 점검·시비어 컨디션 점검	12개월 점검	6개월 점검 · 시비어 컨디션 점검	12개월 점검	6개월 점검·시비어 컨디션 점검	12개월 점검
	·배터리 (※ 사용 상황에 따라 배터리 수명은 크게 달라진다.)		·연료 튜브 ·연료 호스 ·브레이크 마스터 실린더의 컵과 더스트 실 ·브레이크 캘리퍼의 피스톤 실과 더스트 실 ·브레이크 호스		·타이어

산화나 흡습, 자외선의 영향으로
오일과 부품이 열화한다

점검

점검에는 라이더가 적극적으로 실시해야 하는 일일 점검,
법률 및 차량 제조사가 정하는 정기 점검이 있다.

일일 점검

안전하고 즐거운 라이딩을 위해 모터바이크의 사용 상황에 따라 라이더가 적절한 시기에 진행하는 점검이다. 기본 사항(22쪽 참고)을 점검하면 충분하므로, 주행 전이나 세차 및 주유 전에 적극적으로 확인하는 습관을 들이도록 하자. 차량에 따라 점검 항목이 달라질 수 있으므로 설명서와 정비 노트를 확인해 놓아야 한다.

정기 점검

정기 점검에는 ① 법률 또는 법률에 준해 행하는 정기 점검과 ② 각 차량 제조사가 지정하는 정기 점검, 2종류가 있다.

① 법률에 준해 행하는 점검
안전 및 공해 방지를 목적으로 진행하는 점검을 말한다. 배기량이 50cc 이상인 모터바이크라면 의무적으로 해야 하는데 신규 등록일로부터 3년 이내에 첫 검사를 하며 그다음에는 2년마다 진행한다.

② 각 차량 제조사가 지정하는 점검
신규 등록으로부터 1개월 후에 하는 초회 점검, 6개월 점검, 12개월 점검, 보통보다 격한 조건에서 사용했다면 필요한 시비어 컨디션 점검이 있다. 각 차량 제조사의 정비 노트를 참고하자.

① 법정 점검
배출 가스 농도, 경적 소음, 배기 소음 등을 검사하며 사이버 검사소(www.cyberts.kr/yeyak)에서 검사 일자를 예약할 수 있다.
② 차량 제조사가 지정한 점검, 각 제조사의 정비 노트에 기재돼 있다.

시비어 컨디션 점검

차량 제조사는 연간 주행거리 3,000km 정도의 표준적인 사용 상태를 전제로 해서 점검 및 정비 항목을 지정한다. 더 심한 사용 상태는 시비어 컨디션이라 부르며 아래와 같은 환경에서 사용한 때에 해당한다.

- 상태가 나쁜 도로(요철, 비포장도로)에서 많이 주행한다. (전체 주행의 30% 이상을 차지한다.)
- 주행거리가 길다. (6개월간 주행거리가 3,000km 이상)
- 산길, 오르막길, 내리막길에서 주행을 많이 한다. (전체 주행의 30% 이상을 차지한다. 오르막길과 내리막길이 많아 브레이크를 많이 사용한다.)

※ 사륜 또는 일부 이륜 모터바이크 제조사에는 다음 항목이 있다.
① 단거리를 반복하는 주행(기준 : 8km/회에서 냉각수 온도가 낮은 상태로 하는 주행)이 많다.
② 외부 온도가 어는점 아래인 환경에서 반복된 주행을 많이 한다.
③ 30km/h 이하의 저속 운전이 잦다.

PART 1

정비 전에 필요한 기초 지식

정비하기 전에 알아두면 좋은 모터바이크 각부의 명칭과 일일 점검 방법을 알기 쉽게 정리했다. 일일 점검은 모터바이크의 사용 설명서를 참고해 실시한다.

차량·취재 협력 : 혼다 모터사이클 재팬 / 취재 협력 : 혼다 드림 요코하마 아사히
사용 차량 : 혼다 레블 250

CAUTION

· 이 책은 숙련된 사람의 지식과 작업, 기술을 바탕으로 하며 독자에게 도움이 되리라 판단한 내용을 편집한 뒤 재구성한 것입니다. 따라서 이 책은 모든 사람의 작업 성공을 보장하지 않습니다. 출판사, 주식회사 STUDIO TAC CREATIVE 및 취재에 응한 각 회사는 작업의 결과와 안전성을 일절 보장하지 않습니다. 또한 작업 중에 물적 손해와 상해가 일어날 가능성이 있습니다. 작업상 발생한 물적 손해와 상해는 당사에서 일절 책임지지 않습니다. 모든 작업의 위험 부담은 작업을 진행하는 본인이 지므로 충분한 주의가 필요합니다.

· 이 책은 2022년 6월 30일까지의 정보를 기준으로 편집했습니다. 따라서 이 책에 작성된 상품 및 서비스의 명칭, 사양, 가격 등은 제조사 및 소매점의 사정에 따라 예고 없이 변경될 수 있으므로 충분한 주의가 필요합니다.

· 사진과 내용이 실물과 일부 다를 수 있습니다.

모터바이크 각부의 명칭

정비 과정에서 마주하는 각부의 명칭은 부품 수급과 작업의 원활함을 위해서 반드시 외워야 한다.

차체의 우측

외장 부품을 중심으로 한 부품 명칭이다. 제조사나 차종에 따라 명칭이 달라지기도 하므로 일반적인 호칭을 소개한다.

텐덤 시트

두 명이 탈 때 사용하는 시트로 필리온 시트라고 부르기도 한다.

라이더 시트

운전자용 시트다.

윙커 28쪽·130쪽

후방에서 좌회전과 우회전, 진로 변경 등을 나타내는 방향지시기다.

리어 펜더

리어 타이어의 흙이나 이물질을 막아준다. 스윙 암에 고정하는 이너 펜더 외에도 테일 카울(20쪽) 및 일체형이 있는데 역할은 모두 똑같다.

리어 타이어 24쪽·102쪽

노면과 접하는 타이어의 접지면을 트레드, 측면을 사이드 월이라고 부른다.

리어 서스펜션

충격을 흡수하고 타이어가 노면에 닿도록 만드는 부품이다. 프레임과 스윙 암 사이에 부착된다.

이그조스트 머플러 26쪽·80쪽

앞쪽 측면의 이그조스트 파이프와 뒤쪽 측면의 사일런서로 구성된다. 배기가스를 후방으로 배출해 소음 효과를 낸다.

연료 탱크 23쪽

가솔린을 넣는 연료 탱크는 퓨얼 탱크 또는 가솔린 탱크라고 부른다. 수지 탱크의 커버 아래에 이너 탱크가 있는 차량도 있다. 연료 탱크의 아래에 점화 플러그가 있기에 점화 플러그를 교체할 때 연료 탱크를 제거해야 하는 차종도 있다.

윙커 28쪽 · 130쪽

주변 차량에 좌회전 및 우회전, 진로 변경을 나타내는 방향지시기. 충격으로 윙커 벌브가 깨진 경우에는 새 벌브로 교체한다.

헤드라이트 28쪽 · 126쪽

진행 방향을 비추는 라이트이며 디머 스위치로 로빔과 하이빔을 바꿀 수 있다. LED를 채용한 차량도 증가하고 있다.

프런트 펜더

프런트 타이어의 흙이나 이물질을 막는다.

엔진 26쪽

동력을 만들어내는 엔진. 엔진오일의 주입구와 배출구(드레인 볼트), 기름양을 점검하는 곳의 위치를 확인해 놓는다.

프레임

모터바이크의 골격에 해당한다. 요즘에는 엔진이 프레임의 구성 요소로 설계된 모델이 많아지고 있다.

라디에이터 23쪽 · 68쪽

냉각수를 식히는 방열기이며 내부 통로를 냉각수가 통과한다. 냉각수를 넣는 투입구가 달린 경우가 많다.

차체의 좌측

주로 차체 좌측에 보이는 부품의 명칭이다. 정비 공정에서 등장하기도 하므로 기억해 두자.

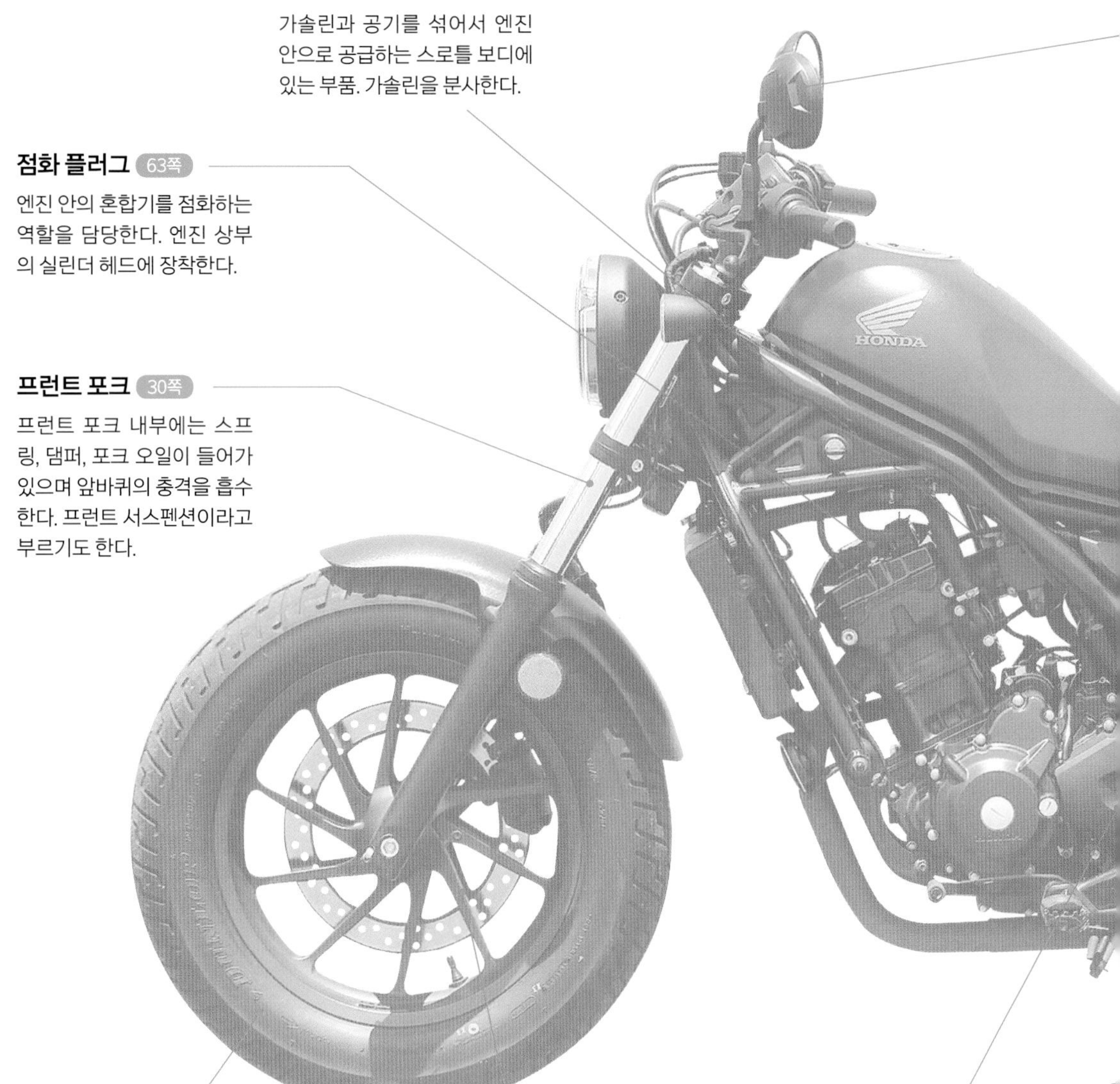

인젝터

가솔린과 공기를 섞어서 엔진 안으로 공급하는 스로틀 보디에 있는 부품. 가솔린을 분사한다.

점화 플러그 63쪽

엔진 안의 혼합기를 점화하는 역할을 담당한다. 엔진 상부의 실린더 헤드에 장착한다.

프런트 포크 30쪽

프런트 포크 내부에는 스프링, 댐퍼, 포크 오일이 들어가 있으며 앞바퀴의 충격을 흡수한다. 프런트 서스펜션이라고 부르기도 한다.

프런트 타이어 24쪽·102쪽

대부분 차량은 리어 타이어보다 작은 타이어를 사용한다.

휠 24쪽

차륜을 말하며 림, 스포크, 허브로 이루어져 있다.

프런트 스프로킷 77쪽

스프로킷 커버 안에 있는 앞쪽 스프로킷(톱니바퀴)은 프런트 스프로킷 또는 드라이브 스프로킷이라고 부른다.

백미러 29쪽

후방을 확인하는 거울. 2007년 이후의 안전 기준에 따라 일본에서 만들어진 우측 거울은 오른쪽으로 돌리면 풀려버린다. 장애물에 부딪혀 발생하는 충격을 완화하기 위해서다. 역나사로 돼 있거나 어댑터가 있으므로 탈착할 때는 주의해야 한다.

테일·브레이크 라이트 28쪽·135쪽

자차의 존재를 후방에 알리는 테일 라이트와 브레이크를 사용할 때 점등되는 브레이크 라이트다.

체인 어저스터 78쪽

스윙 암(20쪽)의 뒤쪽 끝에는 체인 드라이브의 장력을 조절하는 체인 어저스터가 있다. 차량에 따라서는 어저스트 플레이트를 사용한 스네일 캠 방식, 금속 슬리브를 사용한 익센트릭 방식의 어저스터를 이용하기도 한다.

리어 스프로킷 25쪽·77쪽

뒤쪽에 있는 스프로킷(톱니바퀴)은 리어 스프로킷 또는 드리븐 스프로킷이라고 부른다. 마모됐다면 교체해야 한다.

냉각수 리저버 탱크 23쪽·68쪽

냉각수를 보관하는 탱크이며 리저버 탱크라고 부르기도 한다. 액체량을 점검하는 데 필요한 어퍼 라인(upper line)과 로어 라인(lower line)이 있다.

체인 드라이브 25쪽·78쪽

뒷바퀴에 구동력을 전달하는 체인. 마모되면 느슨해지므로 정기적인 장력 조절 및 교체가 필요하다.

핸들 주변부

핸들 주변부나 계기판 주변부에는 다양한 부품과 인디케이터가 모여 있다. 일반적인 호칭을 익혀두자.

시계

현재 시각을 표시한다.

속도계

속도를 표시한다.

거리계

주행거리를 표시한다. 오드 미터(총 주행거리 표시) 및 트립 미터(구간 주행거리 표시)로 전환할 수 있다.

기어 포지션 인디케이터

기어 수를 나타내는 인디케이터. 시프트 포지션 인디케이터라고 부르기도 한다.

각종 램프류 26쪽

경고등, 상향등, 중립, 윙커 등의 점등을 나타내는 램프들.

가솔린 잔량계 23쪽

가솔린의 남은 양을 표시하는 연료계.

클러치 레버 28쪽

클러치를 조작해 구동력을 끊거나 잇는 레버. 간격 조절이 필요하다.

미터 유닛

속도와 엔진의 회전수, 기어 포지션, 각종 경고등을 표시한다.

브레이크 리저버 탱크 27쪽

앞쪽 브레이크의 플루이드를 모은 탱크. 점검창으로 브레이크 플루이드의 양을 확인할 수 있다.

브레이크 레버 27쪽

앞쪽 브레이크를 작동하는 레버. 현재 주류인 유압식 브레이크 시스템은 브레이크 레버에 마스터 실린더의 피스톤이 있다. 레버를 쥐면 피스톤이 밀리는 구조다.

왼쪽 스위치 박스

핸들 왼쪽에 있는 스위치 박스에는 디머(상향등 전환), 윙커, 경적, 패싱 스위치가 있다.

오른쪽 스위치 박스

핸들 오른쪽에 있는 스위치 박스에는 킬 스위치(엔진 스톱 스위치)와 스타터 박스가 있다.

스로틀 그립

엔진 회전수를 조절하며 액셀 그립이라고 부르기도 한다. 그립의 끝이 관통하는 타입과 관통하지 않는 타입이 있다. 전자는 핸들 엔드에 바엔드 캡(바엔드 플러그)이 달려 있다.

바퀴 주변부

주로 앞뒤 브레이크 주변의 부품 명칭이다. 브레이크 패드와 브레이크 플루이드의 교체 작업을 위해서 기억해야 한다.

브레이크 디스크

디스크 로터, 브레이크 로터라고 부르기도 하는 부품. 요즘에는 가장자리가 울퉁불퉁한 웨이브 디스크(웨이브 로터) 또는 페달 디스크라고 부르는 형태가 많다. 표면적이 늘어나서 방열성이 높고 배수성 및 브레이크 더스트의 클리닝 효과가 높다는 특장점이 있다.

브리더 스크류 95쪽

브레이크 플루이드의 배출구를 막는 볼트. 브레이크 플루이드를 교체할 때 이 볼트를 풀어서 플루이드를 배출한다.

액슬 샤프트(앞)

프런트 포크의 바텀 케이스 좌우를 지나는 축(액슬 샤프트)이며 앞바퀴를 지지한다. 액슬 너트가 풀리지 않도록 핀으로 고정하거나 셀프 로킹 너트를 사용하기도 한다.

브레이크 캘리퍼 89쪽

브레이크 플루이드의 압력으로 캘리퍼 안의 피스톤을 밀어내 브레이크 패드가 브레이크 디스크에 붙도록 만든다. 틈을 통해서 브레이크 패드의 잔량을 확인할 수 있다.

브레이크 호스

마스터 실린더와 캘리퍼를 잇는 호스로 안에는 브레이크 플루이드가 들어 있다. 브레이크 페달을 밟은 힘을 압력으로 변환해 브레이크 캘리퍼 안의 피스톤으로 전달하는 중요한 부품이다.

액슬 샤프트 · 액슬 너트(뒤) 78쪽

액슬 샤프트라고 부르는 축과 액슬 너트로 뒷바퀴를 스윙 암에 고정한다. 체인의 장력을 조절할 때나 휠을 탈착할 때 풀거나 제거한다.

캘리퍼 마운트

캘리퍼 베이스 또는 캘리퍼 서포트라고 부르기도 한다. 스윙 암에 고정돼 있으며, 이 마운트 덕분에 브레이크 캘리퍼가 좌우로 움직이며 디스크 밸런스를 균형 있게 조일 수 있다.

외장 부품(풀 카울)

지금까지 설명에 등장하지 않았던 풀 카울 차량 고유의 외장 부품 명칭을 소개한다.

테일 카울

차체의 뒷부분을 감싸는 외장 부품이며, 시트 부분에서 차체 뒤까지 이어져 있어서 시트 카울이라 부르기도 한다. 차종에 따라서는 테일 램프가 직접 달려 있으며 테일 램프의 홀더를 지지하는 경우도 있다.

배터리 114쪽

전기를 공급하는 부품. 차종에 따라 배터리 위치는 다르지만 대부분 시트 아래에 있다.

번호판 등

번호판을 비추는 등. 라이선스 플레이트 라이트라고 부르기도 한다.

브레이크 캘리퍼 27쪽

브레이크 캘리퍼 안쪽에는 원통 모양의 피스톤이 있으며, 압력으로 밀려난 피스톤은 브레이크 패드를 브레이크 디스크에 밀착하며 제동력을 일으킨다.

브레이크 디스크

브레이크 디스크는 휠에 고정돼 있으며 브레이크 패드가 밀착하면 제동력이 발생한다. 휠과 함께 회전하는 부품이다.

스윙 암

차체 후방에 있는 리어 타이어를 받치는 부품이며 스윙 암의 앞쪽은 프레임과 엔진 뒷부분이 지지하고 있다.

스윙 암 피벗

프레임과 스윙 암의 접속부이며, 스윙 암은 피벗 샤프트 볼트를 축으로 움직인다.

윈드 실드

라이더를 바람으로부터 보호한다. 바람의 저항을 낮춘다.

언더 카울

차체 하부를 감싸는 외장 부품. 엔진 오일을 교체하거나 오일 필터를 교체할 때 탈착해야 할 경우도 있다.

프런트 카울

차체 전면을 감싸는 외장 부품이며 어퍼 카울이라 부르기도 한다. 카울링, 페어링이라는 명칭도 있다.

사이드 카울

차체 옆을 감싸는 패널. 안쪽에 냉각수가 든 리저버 탱크가 있어서 냉각수를 교체할 때는 탈착해야 한다.

브레이크 캘리퍼 85쪽

브레이크 플루이드의 압력으로 캘리퍼 안의 피스톤이 밀려나면서 브레이크 패드가 브레이크 디스크를 누른다.

브레이크 디스크

휠에 고정돼 있으며 브레이크 패드 사이로 밀착됐을 때 발생하는 마찰력으로 제동력을 일으킨다.

일일 점검

일일 점검은 라이더가 직접 필요에 따라 실행하는 점검이다.
안전 운행에 필수인 만큼 라이더라면 매일같이 실시해야 한다.

연오바체엔브클라배조

일일 점검의 항목을 외우기 위해서 점검 항목의 앞 글자를 모아 만든 단어다. 소리를 내면서 외워보자.

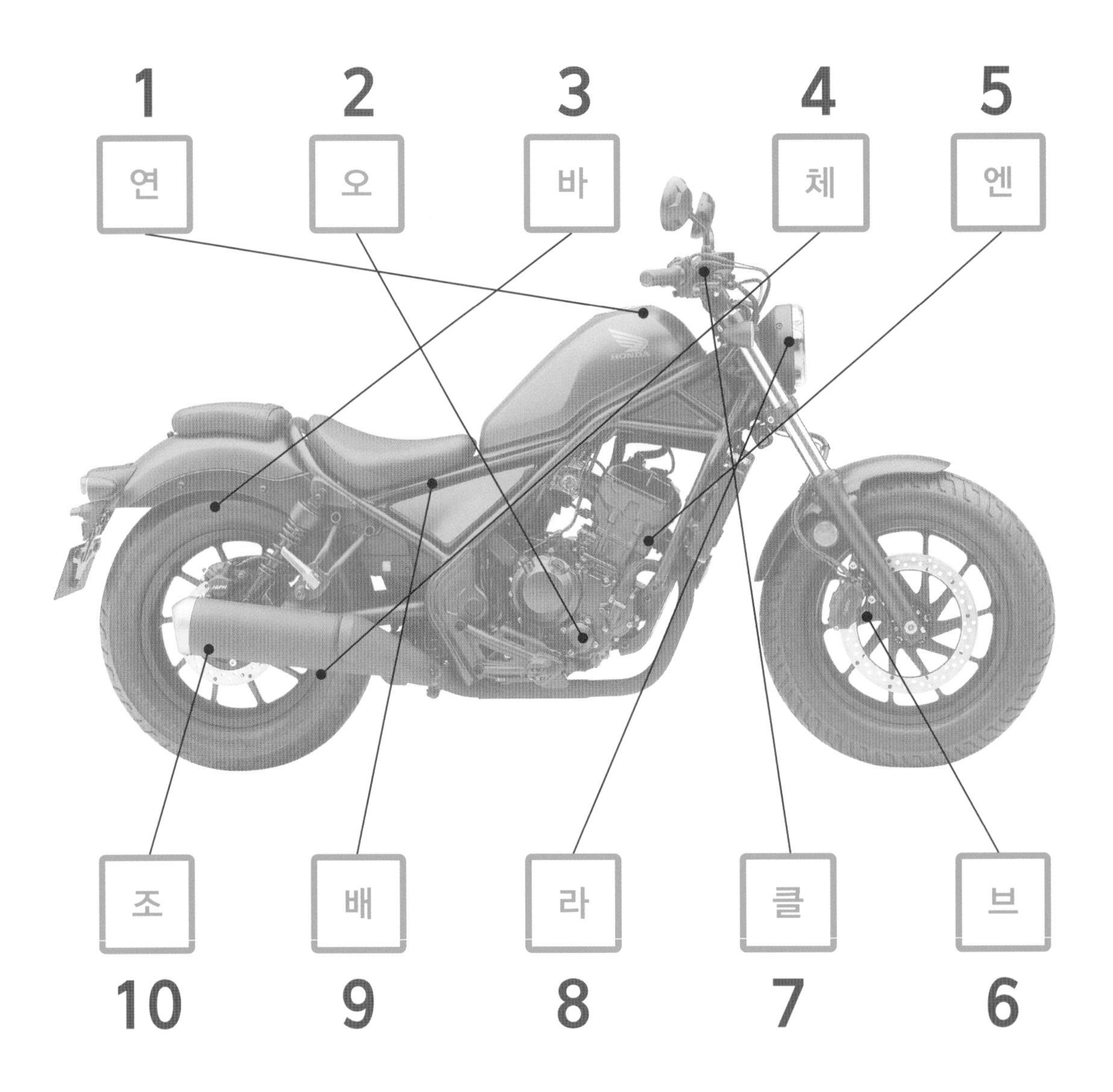

1 연 연료 가솔린 잔량 점검

퓨얼 인디케이터

계기판에 있는 퓨얼 인디케이터(잔량계)는 차체 기울기에 따라 표시가 바뀔 수 있다. 특히 앞뒤의 기울기 차이가 없는 상태에서 확인해야 한다.

가솔린 잔량 점검

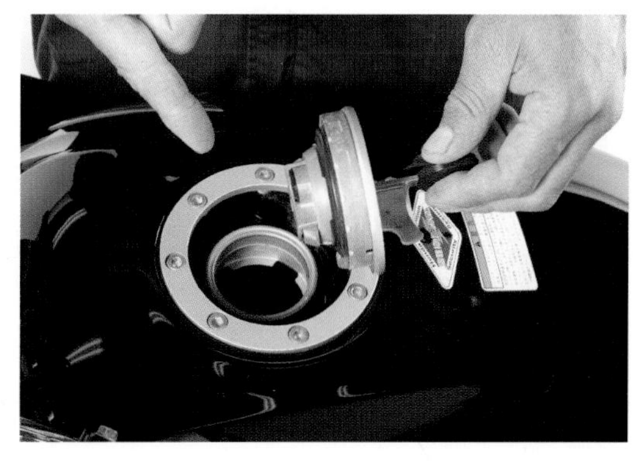

연료 탱크의 퓨얼 캡을 열고 눈으로 남은 가솔린의 양을 확인한다. 인화할 가능성이 크니 잘 보이지 않는다고 해서 라이터를 켜고 비추는 일은 절대로 하면 안 된다.

2  오일 엔진오일의 양과 오염 상태 점검

엔진 오일양 점검

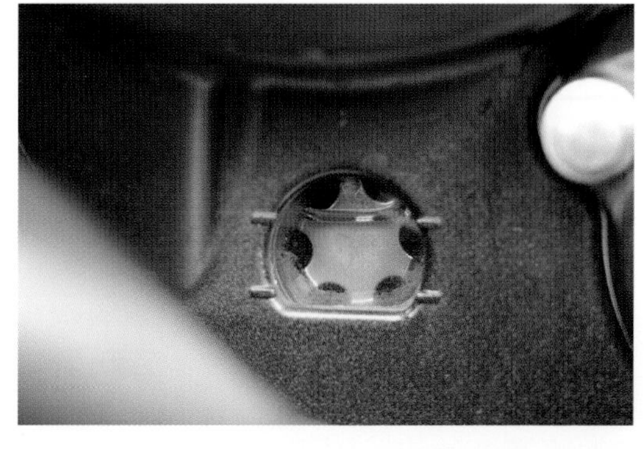

예열 후에 엔진을 멈추고 5분 정도 기다린 뒤, 차체를 수직으로 세운 상태에서 엔진오일의 유면이 점검창 또는 게이지의 어퍼 라인과 로어 라인의 사이에 있는지 확인한다. 더불어 오일이 오염됐는지도 확인한다.

냉각수의 양과 오염 점검

냉각수 리저버 탱크의 액면이 어퍼 및 로어 라인에 있는지 점검한다. 깊숙한 곳에 있어서 잘 보이지 않는다면 불빛으로 비춰 보는 것이 좋다.

ADVICE

엔진오일의 색깔 점검

엔진오일을 교체할 때, 신품 당시의 색깔을 기억해 두면 오염 정도를 쉽게 파악할 수 있다. 일반적인 오일은 반투명한 노란색이며 이것이 짙은 갈색, 검은색으로 변한다. 점검창이 있는 경우에는 혼입된 수분으로 유화가 일어나 백탁 현상이 발생하지 않았는지도 확인해야 한다.

3 바 바퀴 타이어의 공기압 및 마모 상태 점검

밸브 캡을 벗기고 공기압을 확인한다

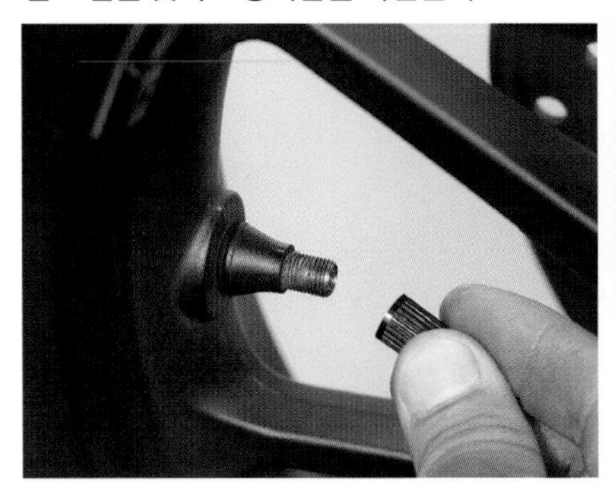

공기압을 측정하기 위해서 밸브를 작업하기 쉬운 위치에 오도록 휠을 돌린 뒤 밸브 캡을 벗긴다. 그리고 에어 게이지를 사용해 공기압을 측정한다. 타이어가 식은 상태에서 측정한다.

지정 공기압 확인

체인 가드 또는 스윙 암 쪽에 앞뒤 타이어의 지정 공기압이 표시된 스티커가 붙어 있다.

이물질, 갈라짐, 손상 점검

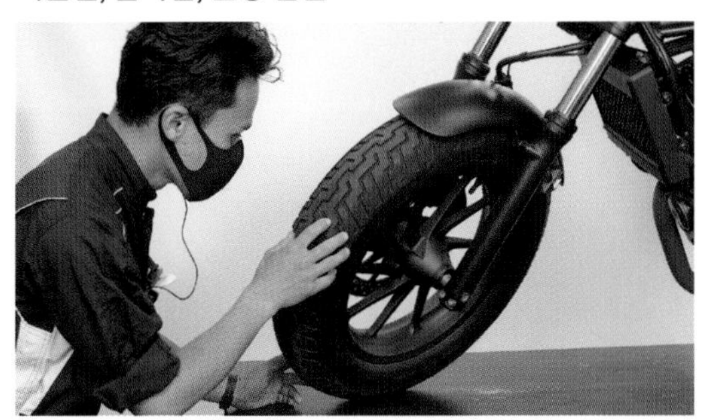

타이어를 한 바퀴 굴린 뒤에 트레드(접지)와 사이드 월(측면)에 이물질이나 갈라짐, 손상이 없는지 점검한다.

웨어 인디케이터 확인

사이드 월 측면에는 웨어 인디케이터(wear indicator)의 위치를 나타내는 표시가 있다. 이 위치를 참고해 홈 안의 인디케이터를 점검한다. 타이어 마찰이 진행되면 홈이 얕아지며 인디케이터가 드러나 홈을 분단한다. 이렇게 되기 전에 교체하자.

4 체 체인 장력과 마모, 윤활 상태 점검

체인 상태와 처짐 정도 점검

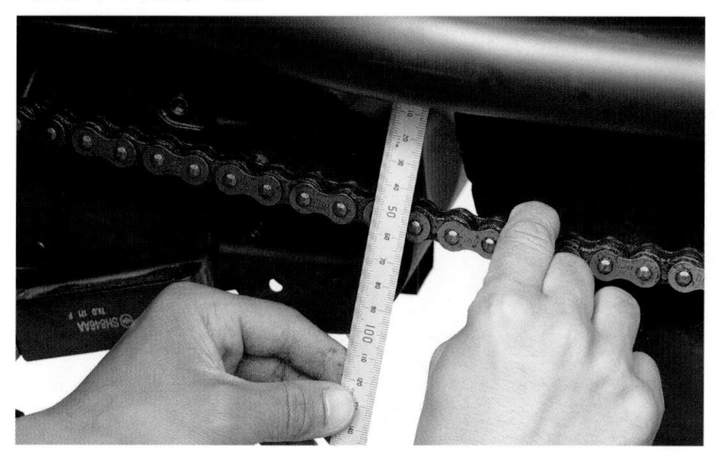

체인 드라이브의 처짐 정도가 적정한지 점검한다. 처짐 정도는 전후 스프로킷의 중간 지점에서 점검하며, 손으로 위아래를 움직였을 때 흔들리는 폭을 측정한다. 적정 수치는 스윙 암과 체인 커버의 스티커, 사용 설명서에 적혀 있다.

체인 확인

체인 드라이브가 더럽지 않은지, 윤활 상태가 충분한지, 일직선이 아니고 뭉쳐서 울퉁불퉁하지 않은지 점검한다.

스프로킷 마모 점검

스프로킷의 이가 깎여 나가서 날카로워진 경우에는 교체한다. 새 부품이었을 때의 상태를 기억해 두면 마모된 정도를 쉽게 판단할 수 있다.

체인 드라이브의 수명

체인 어저스터를 한계까지 당겨도 처지는 정도가 적정 수준을 넘고, 스프로킷에 걸린 부분을 당겼을 때 붕 뜨는 경우에는 체인 드라이브의 수명이 다 된 것이다.

고무 부분 점검

소음 방지를 위해 고무가 부착된 스프로킷이 있다. 이 경우에는 고무가 딱딱해졌는지, 파손됐는지 등을 확인하고 교체한다.

이상음 및 오일류의 누수 점검

엔진음 및 오일 누수 확인

각 부위에서 오일이 새지 않는지 확인하고 문제가 없다면 엔진에 시동을 건다. 이때 평소와 다른 소리가 나지 않는지, 아이들링이 안정한지, 스로틀 그립을 돌렸을 때 회전수가 부드럽게 변화하는지를 점검한다.

배기 누출 확인

이그조스트 파이프와 엔진, 사일런서의 접속부에서 배기 누출이 있는지 점검한다. 엔진에서 배기 누출이 되고 있다면, 탁탁거리는 소리와 배기가스로 인한 오염을 확인할 수 있다.

6 브 브레이크 브레이크의 유격과 액량, 패드 잔량 점검

프런트 브레이크

브레이크 레버 점검

브레이크 레버가 부드럽게 움직이며 유격이 적당한지, 정상적으로 브레이크가 움직이는지를 점검한다.

브레이크 패드의 잔량 확인

브레이크 패드의 잔량은 눈으로 틈새를 보며 점검한다. 보이는 위치가 한정적이기 때문에 각도를 바꾸며 점검한다.

리어 브레이크

브레이크 페달 점검

브레이크 페달이 걸리는 느낌 없이 움직이는지, 유격이 적당하며 조작할 때 브레이크가 제대로 작동하는지를 점검한다.

브레이크 패드 잔량 확인

브레이크 패드의 잔량을 점검한다. 남은 수명의 기준은 사용 설명서에 적혀 있다.

브레이크 플루이드 점검

프런트 브레이크 플루이드 확인

차체를 수직으로 세우고, 리저버 탱크 안의 액면이 로어 라인 이상인지 점검한다. 밑돌 때는 브레이크 플루이드의 남은 양이 적거나, 누수가 진행 중일 가능성이 있다.

리어 브레이크 플루이드 확인

리어 리저버 탱크의 플루이드도 같은 방식으로 점검한다.

7 클 클러치 · 클랙슨 레버의 유격 및 작동 상태

클러치 점검

클러치 레버를 조작해 부드럽게 움직이는지, 유격이 적절하며 클러치가 확실하게 연결되고 끊어지는지 점검한다.

경적 점검

스위치 박스의 스위치를 눌러서 경적이 작동하는지 점검한다.

8  라이트 헤드라이트, 윙커, 테일라이트

헤드라이트 점검

헤드라이트의 로빔과 하이빔이 모두 점등하는지 점검한다.

윙커 점검

스위치를 조작해 앞뒤 윙커가 점등되고, 정상적인 타이밍으로 깜빡이는지를 점검한다.

테일·브레이크 램프 점검

테일 램프가 점등하는지, 브레이크 바와 페달을 조작했을 때 브레이크 램프가 점등하는지 확인한다.

ADVICE

LED는 부서지기 쉽다

백열전구를 사용하는 기존 라이트는 전구의 발광부, 즉 필라멘트가 끊어졌을 때 작동 불량이 발생할 수 있다. 요즘에 많이 쓰는 LED 라이트는 이러한 작동 불량의 가능성이 매우 낮지만, 한 번 부서지면 수리비가 많이 들어간다.

9 배 배터리 전압 및 백미러 점검

배터리 확인하기

보통 시트 아래에 있는 배터리를 확인하려면 시트를 제거해야 한다. 배터리가 드러나면 전극 부분에 부식이 없는지, 배터리 코드가 단단히 연결돼 있는지를 점검한다.

배터리 전압 점검

배터리의 플러스 마이너스 단자 사이의 전압을 측정한다. 사진에서는 배터리만 분리해 점검하고 있지만, 모터바이크에 부착된 상태에서도 점검할 수 있다. 측정한 전압이 12.8V를 밑돈다면 충전이 필요하다.

백미러 점검

탑승한 상태에서 후방이 제대로 보이는 위치로 백미러를 조절한다. 또한 거울 표면의 이물질을 제거한다.

10 조 조임 각 부품의 조임 점검

브레이크 캘리퍼 볼트

특히 안전과 직접 연관된 부분을 점검한다. 첫 번째로는 브레이크 캘리퍼의 볼트를 확인한다. 또한 브레이크 패드를 고정하는 패드 핀의 유격도 점검한다.

액슬 샤프트

앞바퀴와 뒷바퀴의 액슬 샤프트가 헐거워지지 않았는지 점검한다. 앞쪽에 있는 액슬 샤프트는 액슬 너트가 아닌 클램프로 고정된 경우도 있다.

핸들 및 레버의 클램프 볼트

정상적으로 작동하지 않으면 아주 위험해지므로 핸들바 및 좌우 레버를 고정하는 클램프 볼트가 단단하게 조여 있는지도 점검해야 할 주요 사항이다.

서스펜션 고정부

프런트 포크를 고정하는 톱 브리지, 언더 브리지의 볼트, 리어 서스펜션의 고정 볼트도 점검한다. 바퀴 주변은 헐거워지면 위아래로 스트로크가 진행될 때 삐걱거리거나 덜컥거리는 소리가 난다.

ADVICE

작업한 부분은 반드시 확인하기

각 부분에 달린 볼트와 너트는 적절하게 조여 있다면 헐거워질 가능성이 크지 않다. 다만 진동이 많은 차량, 구식 차량 등 단기통으로 대표되는 차량은 점검이 중요하다. 또한 직접 정비한 부분은 조임 상태가 적절하지 못해서 헐거워지는 사례가 적지 않으므로 특히 작업한 뒤에는 철저하게 점검해야 한다.

최소한의 점검 항목

승차 전에 해야 할 모든 점검을 진행하려면 시간이 많이 필요하다.
시간이 없을 때도 최소한으로 실시해야 하는 중요 항목을 모아서 설명한다.

브타라연료

일반적인 일일 점검을 실시할 시간이 없더라도 반드시 점검해야 하는 항목이 있다.

브=브레이크 27쪽

브레이크의 작동 느낌이나 브레이크 레버 및 페달의 유격, 플루이드의 양, 브레이크 패드 및 슈의 잔량을 점검한다.

타=타이어 24쪽

타이어 공기압 및 슬립 사인의 마모 상태, 갈라짐 및 균열 등을 점검한다.

라=라이트 28쪽

헤드라이트, 윙커, 테일 램프, 브레이크 램프의 점등을 확인한다.

연료=가솔린 23쪽

퓨얼 캡을 열고 가솔린의 잔량을 확인한다.

사용 설명서

사용 설명서는 라이더가 파악해야 할 정보로 가득하다.
승차 및 정비 전에 정독해 놓아야 한다.

사용 설명서의 정비 정보를 확인하자

각 모델의 취급 방법 및 정비 정보는 사용 설명서를 참고한다. 사용 설명서를 분실한 경우, 중고로 구매했을 때 사용 설명서가 없는 경우에는 각 제조사의 홈페이지에서 다운로드하면 된다. 대표 모터바이크 제조사의 사용 설명서를 다운로드할 수 있는 곳을 소개한다. 모델명이나 연식 등을 입력해 해당하는 사용 설명서를 찾은 뒤 다운로드하자.

혼다 코리아
https://www.hondakorea.co.kr/motorcycle/service/CustomerCenter.do

야마하
https://www.ysk.co.kr/customer/service03.php

스즈키 코리아
https://www.suzuki.kr/manual1

가와사키 코리아
https://kawasakikorea.com/ownersmanual

PART 2

정비에 사용하는 공구와 약품

정비 작업에는 공구와 약품이 꼭 있어야 한다. 이 파트에서는 구하기 쉽고 기능적 측면에서도 좋은 평가를 받는 Deen의 공구와 데이토나의 약품을 중심으로 소개한다. 작업에 따라 필요한 용품을 갖추도록 하자.

협력 : FACTORY GEAR https://ec.f-gear.co.jp
데이토나 https://www.daytona.co.jp

CAUTION

· 이 책은 숙련된 사람의 지식과 작업, 기술을 바탕으로 하며 독자에게 도움이 되리라 판단한 내용을 편집한 뒤 재구성한 것입니다. 따라서 이 책은 모든 사람의 작업 성공을 보장하지 않습니다. 출판사, 주식회사 STUDIO TAC CREATIVE 및 취재에 응한 각 회사는 작업의 결과와 안전성을 일절 보장하지 않습니다. 또한 작업 중에 물적 손해와 상해가 일어날 가능성이 있습니다. 작업상 발생한 물적 손해와 상해는 당사에서 일절 책임지지 않습니다. 모든 작업의 위험 부담은 작업을 진행하는 본인이지므로 충분한 주의가 필요합니다.

공구

공구는 정비에 꼭 필요하다.
일반적인 정비에 필요한 공구와 사용 시 주의사항을 설명한다.

차재 공구

모터바이크 차체 어딘가에 탑재한 공구를 차재 공구라고 한다. 탑재되는 수는 차종마다 크게 다른 편인데, 모두 긴급용으로 사용하는 용도라서 품질이 뛰어나지는 않다. 평소에는 사용하지 말자.

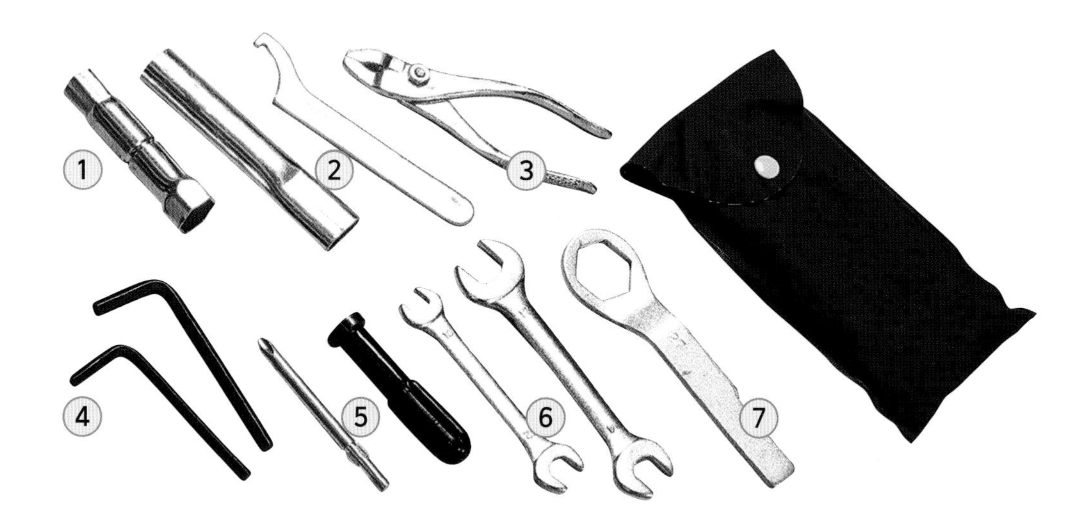

외부에서 사용하는 것이 목적인 긴급용 공구

ADVICE

차재 공구의 관리

차재 공구는 구성이 간결하다는 것이 장점이지만, 내용물이 부실한 모델도 있다. 따라서 필요에 따라 공구를 추가하거나 사용감이 훨씬 더 좋은 공구로 변경하기도 한다. 다만 플러그 렌치는 전용으로 설계된 차재 공구의 제품이 가장 쓰기 좋은 경우가 많다.

① 플러그 렌치

점화 플러그를 탈착할 때 렌치와 함께 사용한다.

② 후크 렌치

리어 서스펜션의 플루이드 조절에 사용한다. 후크 부분을 핸들(익스텐션 바)에 꽂아서 쓴다.

③ 플라이어

작은 부품이나 볼트의 머리 부분을 집는 공구다. 집는 부분의 길이를 조절할 수 있는 것도 있다.

④ 육각 렌치

머리에 육각형 구멍이 있는 볼트를 조이거나 풀 때 사용한다. 앨런 키, 헥사곤 렌치, 헥스 렌치라고 부르기도 한다.

⑤ 드라이버

간편하게 수납할 수 있으며 축과 그립을 분리할 수 있는 드라이버다.

⑥ 렌치(오픈)

입구가 뚫린 렌치이며 육각형 볼트나 너트에 사용한다.

⑦ 렌치(클로즈드)

액슬 너트를 풀거나 조일 때 활약하는 렌치다. 큰 힘이 필요할 때는 후크 렌치의 핸들(익스텐션 바)과 조합해 쓴다.

드라이버

모터바이크뿐만 아니라 다양한 곳에서 사용한다. 편의점에서 파는 제품도 있을 정도로 일반적인 공구지만, 모터바이크 정비에 사용하고 싶다면 일체형으로 판매되는 튼튼한 제품을 준비한다.

십자드라이버

끝이 +(플러스, 십자) 모양인 드라이버로, 십자 모양의 홈이 있는 나사에 사용한다. KS규격에서는 1번, 2번, 3번, 4번으로 네 종류의 크기를 정해놓았으며 표기는 No. 3, #3, 3번이라고 한다. 모터바이크에는 2번을 사용하는 비율이 높다. 축이 손잡이 끝까지 관통되는 관통 타입은 단단히 조여진 나사에 대고 손잡이 끝을 망치로 때리면 조여진 나사를 풀 수 있다.

일자 드라이버

끝이 –(마이너스, 일자) 모양인 드라이버로, 일자 홈이 있는 나사에 끼워 돌리는 공구다. KS규격에서는 끝의 폭이나 두께, 축의 길이를 정하고 있으나 각 공구의 제조사마다 독자 규격을 사용하는 경우가 많으므로 구매할 때 주의해야 한다.

POINT

딱 맞는 크기 고르기

나사골보다 너무 크거나 너무 작은 드라이버를 사용하면 나사골이 부서진다. 반드시 딱 맞는 크기를 골라야 한다.

7 : 3의 법칙

나사를 풀 때와 조일 때 모두 드라이버 끝이 나사골에서 떨어지지 않게 누르는 힘을 70%, 돌리는 힘을 30%로 쓴다고 생각하며 사용한다.

렌치

머리 부분이 육각형으로 된 볼트를 돌릴 때 사용하는 공구. U자 모양으로 생긴 오픈 엔드(개구) 렌치와 고리 모양으로 생긴 클로즈드 엔드(폐구) 렌치, 이 두 종류를 섞은 콤비네이션 렌치까지 세 종류가 있다.

오픈 엔드

머리(구경부)가 열린 형태이며 볼트와 너트에 걸기 쉽다는 장점이 있다.

클로즈드 엔드

머리(구경부)가 닫힌 형태이며 강한 힘을 줄 수 있기에 먼저 이쪽부터 사용한다.

POINT

대각선으로 걸치지 않기

클로즈드 엔드 렌치는 강한 힘을 주기 쉬운 렌치다. 그래서 볼트에 대각선으로 걸친 상태로 사용하면 일부에만 강한 힘이 들어가서 볼트 머리가 부서진다. 볼트 윗면과 렌치가 평행이 된 상태로 두고 사용해야 한다.

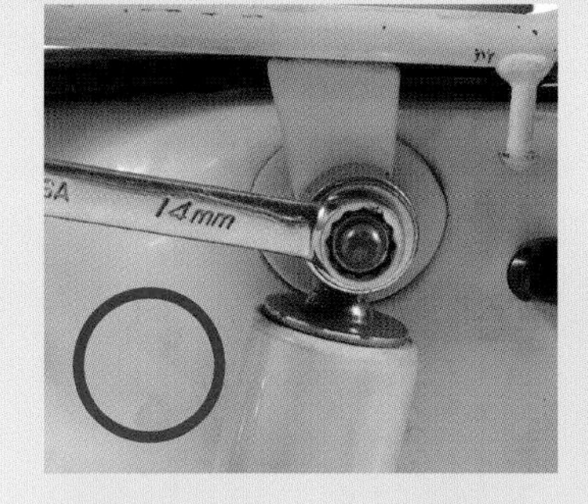

끝까지 넣고 사용하기

오픈 엔드 렌치를 사용한다면, 안쪽 끝까지 밀어 넣어서 볼트와 렌치가 최대한 붙은 상태로 만들어야 한다. 얕게 넣어서 접하는 면이 작아지면 볼트 머리가 쉽게 부서지는 것은 물론이며 공구가 볼트에서 쉽게 빠져 부상 위험이 커진다.

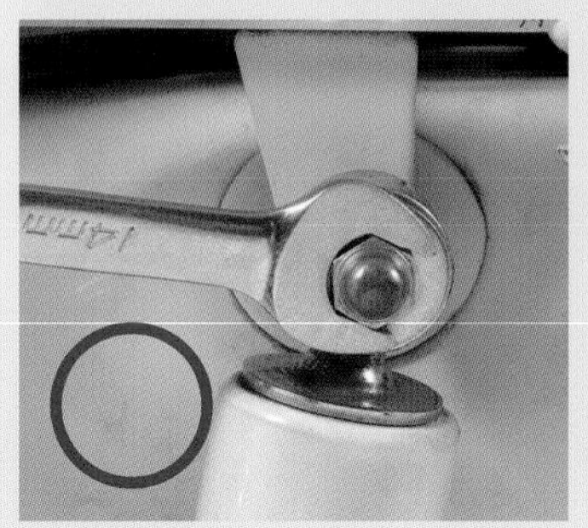

육각 렌치

육각형 구멍이 뚫린 볼트를 돌릴 때 쓰는 공구. 요즘 차량에서 사용하는 경우가 늘어났고 제조사가 다른 부품이라도 널리 사용되기 때문에 필요성이 높아지고 있다. 저가 제품은 부러질 수 있으므로 제대로 된 제품을 선택하자.

볼 포인트

육각 렌치는 육각형 구멍에 수직으로 딱 끼워 넣어야 하지만 볼 포인트는 대각선으로도 끼워 넣을 수 있다. 큰 힘을 줄 수 없으니 꽉 조일 때는 사용할 수 없다.

다양한 크기를 사용하기 때문에 세트로 구성된 제품을 구매하는 것을 추천

POINT

꽉 조일 때는 짧은 쪽을 끼운다

육각 렌치는 L자 모양이다. 짧은 쪽을 볼트에 끼우면 더 강한 힘으로 볼트를 돌릴 수 있다. 하지만 빨리 돌리기는 어려운 편이다.

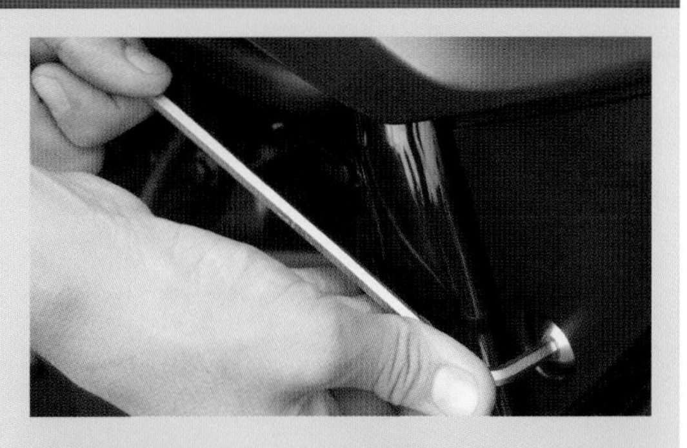

볼 포인트는 빨리 돌릴 때 사용한다

볼 포인트는 볼트 구멍에 대각선으로 끼울 수 있는데, 볼트와 접촉하는 면적이 작아서 강한 힘을 주면 볼트에 손상이 간다. 가볍게 돌려야 할 때 사용한다.

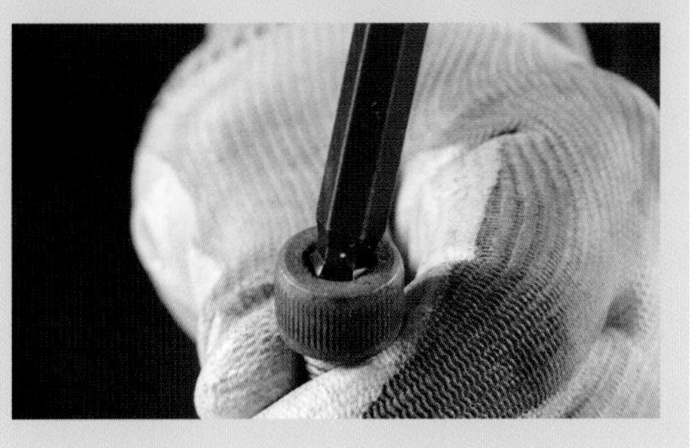

소켓 렌치

다양한 종류의 소켓과 이를 돌리는 핸들로 구성돼 있다. 핸들은 일반적으로 기어가 내장된 라쳇 핸들이 사용되며 강하게 힘을 주면서도 빠르게 돌릴 수 있다. 여러 크기가 있어서 구매할 때 주의해야 한다.

방향 전환 레버

좌우 회전 방향을 전환할 수 있는 레버. 나사를 돌리는 방향을 바꿀 때 레버를 조작한다.

그립

잘 미끄러지지 않는 널링(knurling) 가공으로 제작된 그립. 오염물에 강하고 더러워져도 제거하기 쉬운 폴리시 타입이 있다.

헤드

헤드가 작을수록 좁은 공간에서 작업하기 쉽고, 내부 기어의 톱니 수가 많으면 작은 각도로도 나사를 돌릴 수 있다. 푸시 버튼을 눌러서 소켓을 탈착하는 타입도 있다.

소켓 구멍

소켓을 꽂는 돌기(드라이브) 크기가 인치로 표기돼 있으며 주로 1/4, 3/8, 1/2이 일반적이다. 같은 크기의 소켓을 끼워서 사용한다.

소켓 크기와 종류

라쳇 핸들의 구멍에 맞게 각각 1/4, 3/8, 1/2 크기가 있다. 머리 부분의 길이가 긴 딥 소켓도 있다.

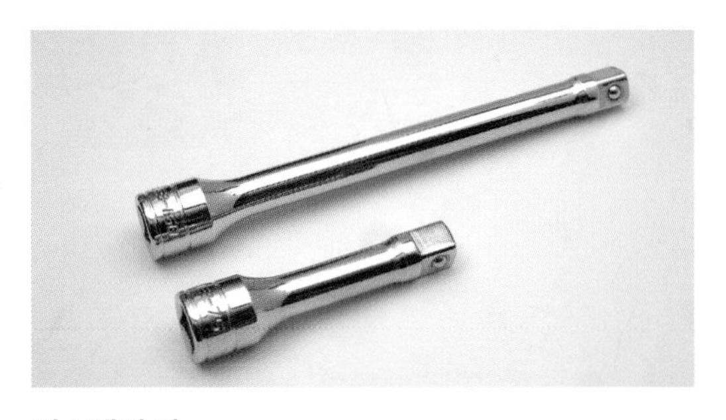

익스텐션 바

깊은 곳에 있는 볼트를 돌릴 때, 핸들이 간섭해 돌릴 수 없을 때 도움이 된다. 핸들과 소켓 사이에 연결한다. 길이가 다른 것들을 갖춰 놓으면 편리하다.

유니버설 조인트

소켓과 핸들에 각도를 주는 역할을 한다. 일직선 상태일 때 핸들이 간섭해 사용하지 못하는 부분에 활용하면 편리하다. 대신 각도에 제한이 있으므로 돌리기는 불편하다. 적절한 상황에 사용해야 한다.

T바 핸들

T자 모양의 소켓 렌치용 핸들. 라쳇 핸들은 구조상 어느 정도 볼트가 풀리면 헛도는데, T바 핸들은 헐거워진 볼트도 빠르게 돌릴 수 있다. 일체형 외에도 사진처럼 익스텐션 바와 슬라이드 헤드 핸들을 조합해 T바 핸들로 활용할 수도 있다.

스피너 핸들

직선 봉의 끝에 각도가 바뀌는 삽입부가 있는 소켓 렌치용 핸들이며 브레이커 바라고 부르기도 한다. 자루가 길어서 강한 힘으로 볼트를 돌릴 수 있고, 삽입부와 자루의 각도를 변경할 수 있어서 각도를 틀고 장애물을 피하거나 일직선으로 만들어서 빨리 돌릴 수도 있다.

토크 렌치

볼트를 돌리는 힘이 곧 토크임을 알 수 있는 기능이 들어간 라쳇 핸들이다. 엔진으로 대표되는 조임 토크 관리가 중요한 작업에 사용한다. 토크를 측정할 수 있는 범위는 한정적이다. 보통 1개로 모든 부위에 대응하는 제품은 없으므로 사용하고 싶은 부위의 조임 토크를 조사하고, 이것이 측정 범위의 70% 안에 들어가는 (상한 30%에 들어가지 않음) 제품을 고르는 것이 좋다.

토크 렌치의 종류

측정 범위의 최대 토크가 큰 토크 렌치는 커다란 힘으로 돌릴 가능성이 있어서 자루가 길고, 삽입부 크기도 큰 것을 사용한다.

몽키 렌치

크기 조절이 가능한 오픈 엔드 렌치로 볼 수 있는 몽키 렌치. 범용성이 높지만, 정밀도는 고정식과 비교했을 때 떨어지므로 보조 역할을 하는 공구라고 봐야 한다.

힘을 주는 방향

볼트를 돌릴 때는 가동식 턱의 방향에 힘을 준다. 역방향으로 힘을 주면 턱이 열리는 방향으로 부담이 가면서 턱 부분이 손상된다.

POINT

턱을 밀착한다

몽키 렌치의 고정식 턱(위쪽)을 볼트나 너트의 한쪽에 밀착한 뒤, 웜 기어를 돌려서 가동식 턱(아래쪽)을 반대쪽에 밀착한다. 턱 사이에 공간이 있으면 힘이 좁은 범위로 들어가면서 볼트와 너트를 훼손할 가능성이 커진다.

별 렌치

육각별 모양의 구멍이 있는 별 나사용 공구. 모터바이크에 사용하는 경우는 그렇게 많지 않다.

홀형 별 렌치

별 나사 중에는 중앙에 돌기가 있는 것도 있다. 여기에 쓰는 별 렌치는 중심부에 구멍이 있다.

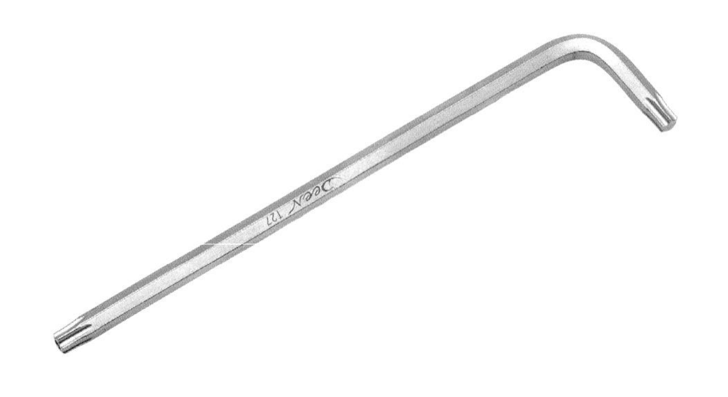

에어 게이지

타이어의 공기압을 확인하는 공구. 압력 크기에 맞춰서 게이지가 올라가는 펜슬형, 사진과 같은 다이얼형이 일반적이다. 디지털식이나 고정밀도 제품은 성능이 뛰어나지만 그만큼 가격이 비싸다. 일반 용도로 사용한다면 가격이 저렴한 에어 게이지도 충분한 정밀도를 기대할 수 있다.

오일 교체 용구

엔진오일 교체 작업에는 엔진오일을 받는 용구, 새로운 오일을 넣는 용구 등 여러 가지가 필요하다. 여기서 소개하는 도구를 준비해 놓자.

오일 트레이

엔진에서 배출되는 오래된 오일을 받는 트레이. 사용 후에는 파트 클리너로 씻어야 한다.

오일 저그

주입구로 오일을 넣기 편리할 뿐만 아니라 오일양을 간이로 측정할 수도 있다.

오일 처리 박스

물품 안에 들어 있는 폐유 흡수재가 오일을 빨아들이며 처리한다.

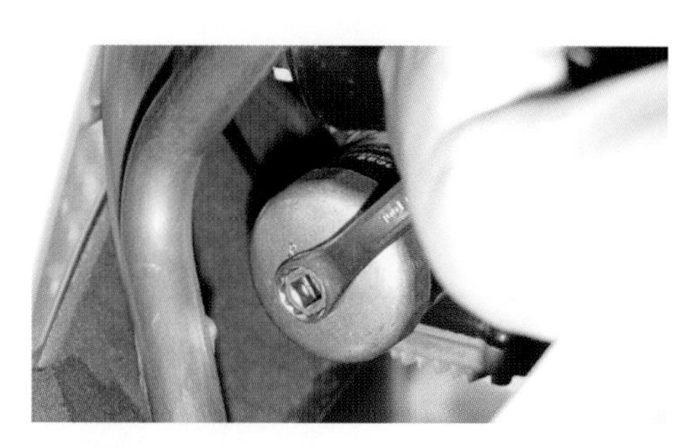

오일 필터 렌치

카트리지식 오일 필터를 돌리는 렌치. 모터바이크용으로는 크기가 여섯 종류 있다.

와이어 인젝터

스로틀 케이블이나 브레이크 케이블의 내부에 윤활제를 넣는 전용 공구. 케이블은 두꺼운 아우터 케이블과 그 안을 지나는 이너 케이블로 구성돼 있다. 그 사이는 좁아서 주유하기가 어렵지만, 와이어 인젝터를 아우터 케이블의 끝에 끼우고 측면에 있는 구멍에 노즐을 꽂아서 분사하면 손쉽게 주유할 수 있다.

정비 스탠드

차체를 들어 올려서 휠을 지면에서 떨어뜨린 상태로 만드는 공구. 휠의 탈착 작업뿐 아니라 체인 주변을 정비할 때도 편리하게 사용할 수 있다.

리어 스탠드

스윙 암 또는 액슬 샤프트를 지점으로 삼으며 뒷바퀴를 띄우거나 스탠드가 없는 차량을 세우려고 사용한다.

프런트 스탠드

스템 아래에 있는 구멍에 샤프트를 꽂고 해당 지점에서 프런트 주변을 들어 올리는 스탠드. 리어 스탠드와 함께 사용한다.

약품

정비에는 다양한 약품이 필요하다. 한 번에 다 갖출 필요는 없으니
작업 상황에 맞게 구매해서 사용하면 된다.

그리스

회전축처럼 부품과 부품이 닿으며 움직이는 접동(미끄러짐) 부위에 사용하며 움직임을 부드럽게 만들어준다. 곧바로 흐르는 윤활유가 적합하지 않은, 즉 장기간의 윤활이 필요한 부위에 사용한다. 수분이나 사용 정도에 따라 흐르기도 하고 이물질과 열화로 인해 기능이 떨어지기도 하므로 주기적으로 교체해야 한다. 그리스는 여러 종류가 있으며 특징에 따라 사용하는 곳이 다르므로 사용 목적이 중요하다. 대부분 상황에 일반 그리스를 사용할 수 있으므로 먼저 이 제품을 준비하고 추가로 필요한 물품을 갖추자.

만능 그리스

기유(기본 오일)에 광물계, 증점제에 리튬을 사용하는 그리스이며 리튬 그리스, 다목적 그리스라고 부르기도 한다. 베어링을 비롯해 다양한 부위에 사용한다.

실리콘 그리스

실리콘을 기유로 사용한 그리스로 고무를 손상하지 않으며 내열, 내화학성이 뛰어나서 브레이크와 관련된 곳에 사용한다.

몰리브덴 그리스

리튬 그리스에 첨가제로 몰리브덴을 넣은 그리스. 마모를 견디며 내구성이 뛰어나고 하중에도 강하다. 변속기 같은 베어링 쪽에 사용한다.

파트 클리너

세차용 샴푸로 제거되지 않는 오일과 그리스 종류의 오염물을 제거할 때 사용한다. 정비할 때 하나 정도 갖추면 좋다. 일반 세정제는 고무에 사용할 수 없는 것들이 있는데 파트 클리너는 보통 고무를 잘 훼손하지 않으므로 안심하고 사용할 수 있다. 직접 뿌리거나 종이 수건에 묻혀서 닦는 것도 효과적이다.

파워 브레이크 클린

차체뿐만 아니라 브레이크 주변에도 사용할 수 있는 탈지 세정제. 분사력이 강해서 깊숙한 곳에 있는 오염물을 쉽게 날릴 수 있고 천천히 마르기 때문에 단단하게 굳은 오염물도 제거할 수 있다는 장점이 있다.

침투 윤활제

도포하면 녹을 방지할 수 있고 윤활 효과로 부품을 잘 움직이게 하는 약품이다. 케이블 안쪽의 윤활에 자주 사용되는데 부드럽고 침투력이 뛰어나서 단단하게 잘 돌아가지 않는 나사에 사용하면 효과적이다. 보통 수치환성이 있어서 부품과 수분의 사이에 들어가 녹의 발생을 막는다. 플라스틱이나 고무에는 맞지 않는 제품이 많아서 이때는 실리콘 스프레이를 사용하는 편을 추천한다. (적합하지 않은 일부 제품도 있음)

MOTOREX 실리콘 스프레이

실리콘 오일을 사용한 약품으로 고무나 플라스틱에도 사용할 수 있다. 윤활뿐만 아니라 방수, 절연, 광택 등의 효과가 있다.

나사 고온 방지제

고온이 되는 곳에 사용하는 나사와 볼트는 열로 인해 부서지거나 녹이 슬어 부식될 가능성이 있다. 이를 방지하는 것이 나사 고온 방지제이며 나사, 볼트, 너트를 끼우기 전에 나사산에 도포한다. 대표적으로 점화 플러그, 실린더 헤드 볼트, 머플러 볼트에 쓴다. 윤활성도 높아서 볼트를 조일 때 토크 관리도 더 정확하게 할 수 있다.

Permatex Anti-Seize

나사가 고온이 되면 발생하는 손상이나 녹, 부식을 방지하는 제품. 부품 탈착이 많은 커스텀 차량에 추천한다. 백 플레이트에 바르면 브레이크 소음 방지제로도 사용할 수 있다.

접점 부활제

스위치 같은 전기 접점부의 도전 불량을 회복시키는 약품. 뿌리면 오염물이 제거되며 도전(導電)이 회복되는 원리인데, 윤활제가 섞인 제품은 스위치의 움직임을 좋게 만들고 접점의 마모를 방지하는 효과도 있다. 도전 불량을 수리하기 위해서 접점 부위를 직접 청소하는 것은 부품의 분실 우려도 있어서 몹시 어렵다. 따라서 먼저 접점 부활제를 뿌리는 방법을 추천한다.

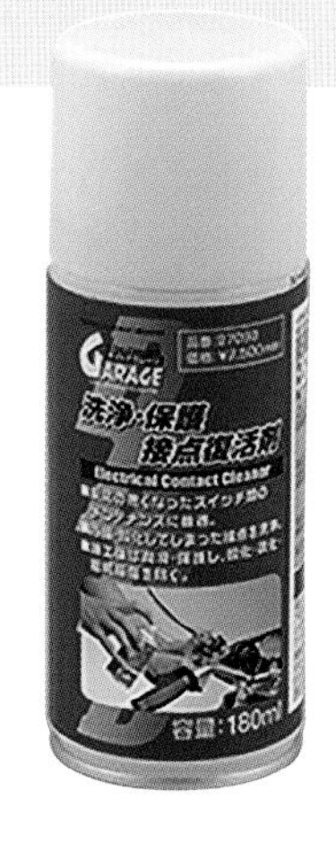

접점 부활제

접점 부분의 오염물을 제거하면서 녹과 부식을 방지한다. 또한 윤활 효과가 있어서 접점의 마모를 방지한다. 스프레이 제품을 쓰면 깊은 위치까지 한 번에 작업할 수 있다.

접점 그리스

접점의 도전을 부활시킬 뿐만 아니라 도전 불량을 유발하는 접점의 부식을 막는 약품이다. 스위치 및 배선의 접점부, 점화 플러그 접점부, 배터리 접점에 주로 사용한다. 접점 그리스를 바르면 접점을 보호해 부식을 막을 뿐만 아니라 산화와 누출을 막아서 도전 능력을 향상한다. 접점 열화는 서서히 일어나므로 이로 인해 발생하는 갑작스러운 문제를 방지하는 데도 효과적이다.

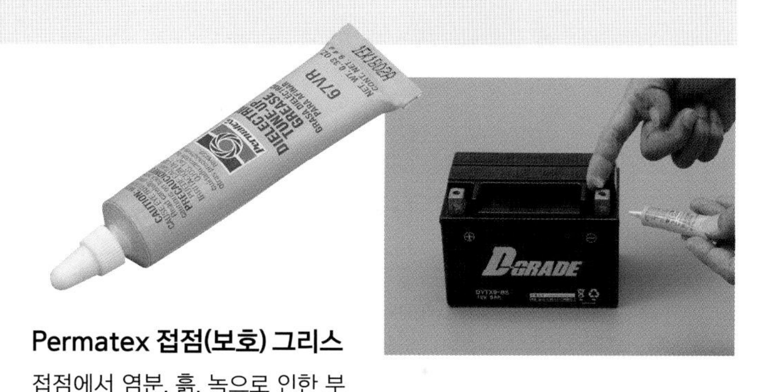

Permatex 접점(보호) 그리스

접점에서 염분, 흙, 녹으로 인한 부식을 막는 그리스다.

브레이크 소음 방지제

디스크 브레이크에서 발생하는 제동 소음을 방지하는 제품. 다양한 성분이 들어 있으며 수지 피막을 형성하는 제품, 내열성 그리스를 사용하는 제품 등이 있다. 후자는 브레이크 그리스 및 패드 그리스라고 부르기도 한다. 브레이크 패드 교체 작업에 반드시 사용한다는 인상이 있지만 무조건 도포할 필요는 없다. 제대로 정비를 했는데도 소리가 나면 사용하자.

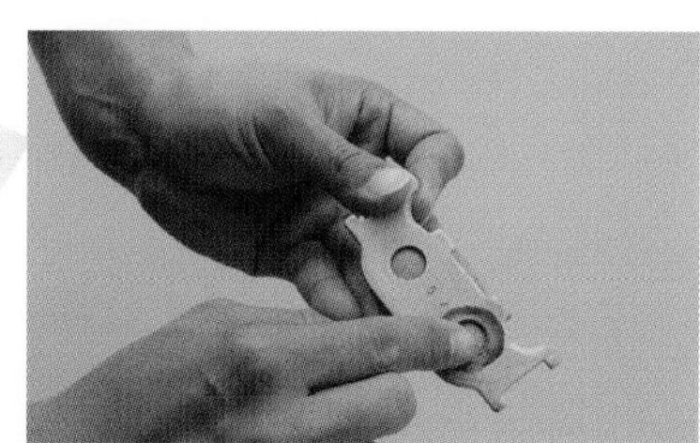

Permatex 스프레이식 소음 방지제

Permatex 제품으로 패드의 플레이트 부분에 도포하면 내열성 수지 피막이 얇게 형성된다. 브레이크를 밟을 때 나는 불쾌한 소음을 방지할 수 있다.

나사 고정제

볼트 및 너트는 장소에 따라 적절한 토크로 조여도 풀릴 수 있다. 이런 부분에 사용하는 것이 나사 고정제다. 볼트와 너트의 나사산에 바르고 조이면, 고정제가 마르면서 접착제처럼 변해 나사가 풀리는 것을 방지한다. 나사 고정제는 풀림 방지 효과(접착력)의 차이에 따라 저, 중, 고의 세 가지 강도가 있다. 고강도는 영구 고정용으로 바른 후에는 뺄 수 없을 만큼 강력하게 고정하는 효과가 있으므로 사용할 때 주의해야 한다.

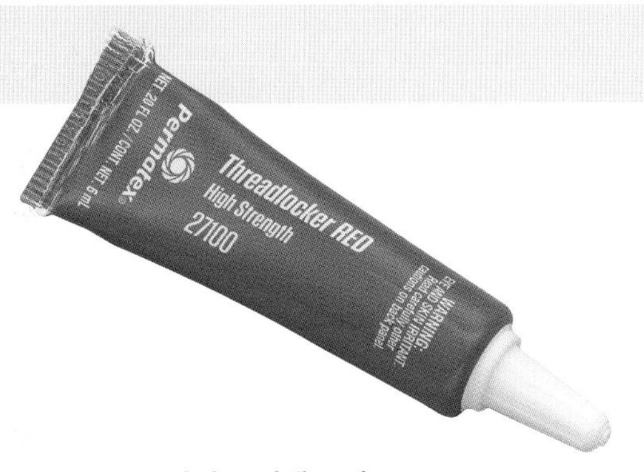

Permatex 나사 고정제 고강도

볼트와 나사를 가장 강력하게 고정할 수 있는 고강도의 나사 고정제. 완전히 고정된 뒤에는 풀 수 없는 영구 고정용이며 나사 사이즈 M10~M25에 적합하다.

나사 고정제 중강도

진동에 의한 볼트와 너트의 풀림을 방지하는 나사 고정제. 사용 범위가 넓은 중강도 제품이다. 직경 4mm 이하의 볼트에는 사용할 수 없다.

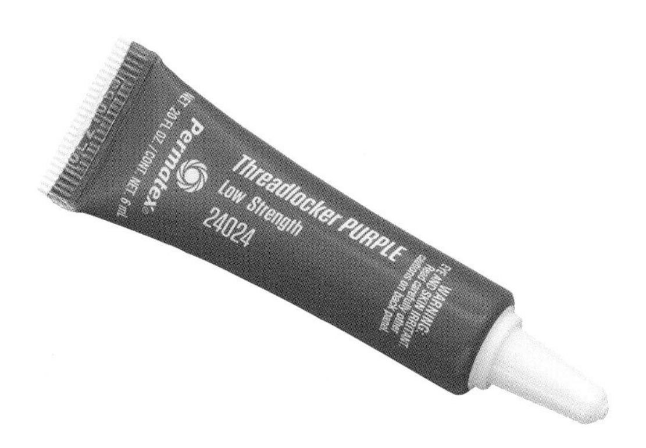

Permatex 나사 고정제 저강도

커버 볼트 또는 작은 나사 등 풀리는 빈도가 높은 볼트와 나사를 간이로 고정할 때 적합한 저강도 나사 고정제다.

핸드 클리너

모터바이크를 정비하다 보면 손이 오일과 그리스로 쉽게 더러워진다. 일반 비누나 세정제로는 지워지지 않을 뿐만 아니라 손의 주름이나 손톱 사이에 남아서 씻기가 어렵다. 이때 편리하게 사용할 수 있는 것이 바로 정비용 핸드 클리너다. 오일과 그리스를 쉽게 제거할 뿐만 아니라 스크럽이 포함돼 있어서 손 사이사이의 오염물도 쉽게 제거한다. 손톱용 브러시도 있으면 좋다.

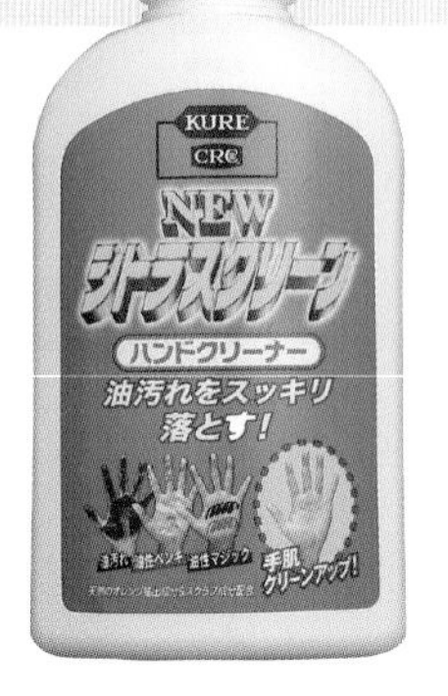

시트러스 클린

스크럽이 배합된 손 세정제이며 기름때도 깨끗하게 없앨 뿐 아니라 보호 성분이 있어서 손의 살결을 정돈한다.

약품의 대표적인 사용 부위

그리스를 비롯한 약품의 대표적인 사용 부위를 소개한다. 적재적소에 사용하는 것이 중요하다.

침투 윤활제

클러치 및 스로틀 케이블 안의 오염물을 제거하고 해당 부위를 윤활하기 위해서, 와이어 인젝터를 사용해 침투 윤활제 또는 와이어 그리스를 주유한다.

실리콘 그리스

프런트 포크의 더스트 실, 오일 실은 고무라서 악영향을 주지 않는 실리콘 그리스를 사용한다. 불소가 들어간 그리스를 사용할 때도 있다.

실리콘 그리스

브레이크 캘리퍼는 접동부에 고무를 사용하는 대표적인 부위다. 이 부위의 고무에 손상을 입히지 않고 윤활 효과를 얻기 위해서는 실리콘 그리스(스프레이식도 가능)를 사용한다.

고온 방지제

머플러의 볼트 및 너트는 고온에 노출돼 있어서 손상되거나 풀리기도 한다. 볼트 및 너트를 끼울 때는 나사산에 고온 방지제를 뿌리면 좋다.

다목적 그리스

휠 베어링 및 액슬 샤프트에는 방수성이 뛰어난 다목적 그리스를 사용한다. 다목적 그리스는 다른 회전축의 다양한 곳에도 사용한다.

정비 자료

정비할 때는 갖추어야 할 자료가 있다.
이 책과 같은 설명서와 함께 참고해야 하는 자료를 소개한다.

서비스 매뉴얼

프로 정비사를 대상으로 각 기종의 정비 순서 및 사양을 자세히 설명하려고 차량 제조사에서 제작한 매뉴얼. 특정 차종의 정비에서는 최고의 자료이며 각종 정비의 기준이라고 할 수 있지만, 앞서 말했듯 프로 정비사를 대상으로 한다. 정비의 전반적인 기초 지식을 갖춘 사람이 읽는다는 점을 전제로 하기에 정비를 전혀 모르는 초심자가 읽기에는 어렵다. 요즘에는 1부 가격이 수십만 원씩 하는 차종도 많아서 예전처럼 손쉽게 구하기가 어렵다.

서비스 매뉴얼은 신차를 발표할 때 작성되며 부분 변경이 있으면 개정한다. 입수할 때는 자신의 차량에 적합한지 확인해야 한다.

파트 카탈로그

파트 카탈로그는 수리용 부품을 주문하는 데 쓴다. 설명을 들으면 정비 작업과 전혀 관련이 없어 보이지만 파트 카탈로그에는 서스펜션, 엔진 등 부위마다 부품의 일러스트가 그려져 있다. 이 일러스트는 부품의 조립 방법을 알 수 있게 표현돼 있어서 부품을 탈착할 때 참고가 된다. 예전에는 실물을 준비해야 했지만, 인터넷으로 확인할 수 있는 제조사도 있다.

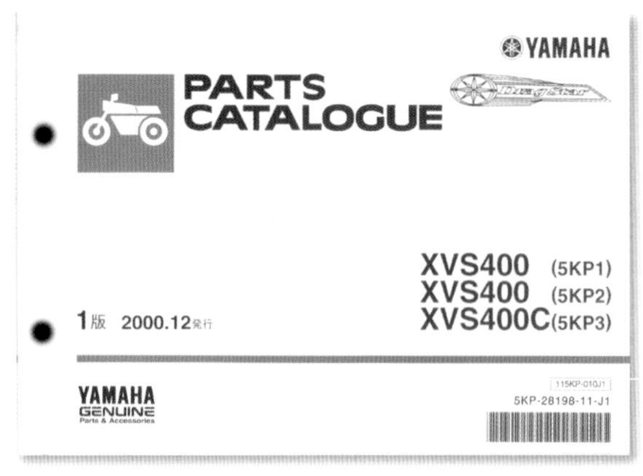

파트 카탈로그는 색상이 변경되기만 해도 개정되므로 서비스 매뉴얼보다 종류가 훨씬 많다. 나에게 적합한지 신중하게 확인할 필요가 있다.

PART 3

엔진 주변부의 정비

엔진오일 및 점화 플러그, 냉각수 교체 방법 등을 소개한다. 모델 차량은 레블 250. 차량에 따라 작업 내용이 달라지므로 사용 설명서 및 서비스 매뉴얼 등을 참조하자.

차량·취재 협력 : 혼다 모터사이클 재팬
취재 협력 : 혼다 드림 요코하마 아사히

CAUTION

- 이 책은 숙련된 사람의 지식과 작업, 기술을 바탕으로 하며 독자에게 도움이 되리라 판단한 내용을 편집한 뒤 재구성한 것입니다. 따라서 이 책은 모든 사람의 작업 성공을 보장하지 않습니다. 출판사, 주식회사 STUDIO TAC CREATIVE 및 취재에 응한 각 회사는 작업의 결과와 안전성을 일절 보장하지 않습니다. 또한 작업 중에 물적 손해와 상해가 일어날 가능성이 있습니다. 작업상 발생한 물적 손해와 상해는 당사에서 일절 책임지지 않습니다. 모든 작업의 위험 부담은 작업을 진행하는 본인이지므로 충분한 주의가 필요합니다.

엔진오일

엔진이 설계대로 성능을 발휘하고 이를 유지하려면 엔진오일이 필요하다.
엔진오일과 관련한 기초 지식을 배워보자.

엔진오일의 역할

엔진오일은 엔진의 혈액이라고 할 수 있다. 격하게 움직이는 피스톤, 크랭크 샤프트, 미션의 윤활을 비롯해 부품 접착부의 완충, 엔진 내부의 세척, 냉각 등의 역할을 한다. 이러한 활동은 엔진 성능을 최대한 유지하고 수명을 늘리는 데 중요하다. 엔진오일은 열, 오염물의 축적, 수분으로 인해 열화하며 성능이 떨어진다. 엔진 설계의 고도화로 수명은 늘어나는 경향이지만 그래도 정기적으로 교체해야 한다.

엔진오일의 규격

엔진오일이라고 해서 무엇이든 쓸 수는 없다. 성능을 충분히 발휘하려면 엔진에 적합한 규격의 오일을 골라야 한다. 규격에는 몇 가지 종류가 있지만 중요한 것은 점도(SAE 점도)다. 대략적으로 말하면 오일이 제 실력을 발휘하는 온도를 나타내고, 저온 및 고온일 때의 점도를 나타낸 멀티 그레이드가 일반적이다. 점도 규격 외에도 연료의 소비 효율 및 내열성 등 성능에 따라 구분하는 API 규격도 많이 사용된다.

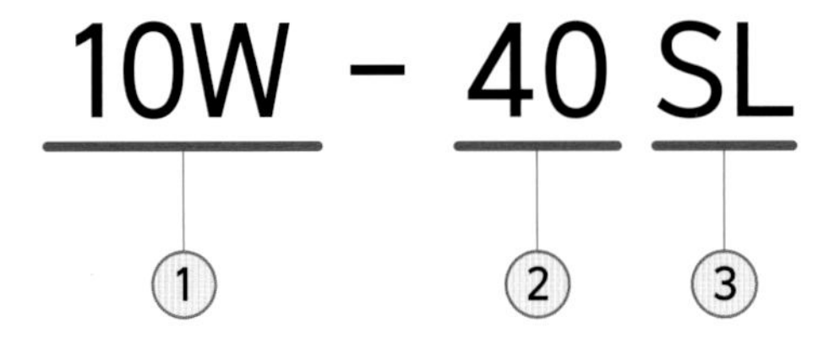

JASO:MA

④

① 저온 점도

겨울을 뜻하는 W에 붙은 숫자가 저온일 때의 점도를 나타낸다. 숫자가 적을수록 저온에서도 딱딱해지지 않고 적절한 점도를 유지할 수 있음을 뜻한다.

② 고온 점도

숫자가 클수록 고온에서도 점도와 유막이 유지된다는 의미다. 그렇다고 숫자가 높은 것이 단순하게 고성능이라는 뜻은 아니다.

③ API 규격

연료의 소비 효율, 내마모성 등 성능을 설정한 규격이다. S 뒤에 있는 알파벳이 뒤엣것일수록 성능이 높다는 뜻이며 현재 최고 등급은 SP다.

④ JASO 규격

마찰 특성 지수를 이용한 분류이며 마찰 설정이 높은 MA(MA1과 MA2도 있음)와 낮은 MB(습식 클러치가 없는 차량용)가 있다.

엔진오일의 종류

엔진오일은 원료에 따라 분류한다. 광물유, 화학 합성유, 부분 합성유 이렇게 세 가지가 있다. 대강 설명하자면 광물유는 원유가 재료이며, 적당한 성능에 가격이 저렴하다. 화학 합성유는 원유에서 화학적으로 합성한 합성 기유를 원료로 한다. 고성능이지만 가격이 비싸다. 부분 합성유는 광물유와 화학 합성유를 섞어서 만들며, 성능과 가격의 수준은 중간 정도다. 모터바이크의 특성과 구조는 물론이고 예산을 고려해 선택하자.

광물유

원료를 정제해 만드는 광물유는 비용 대비 퍼포먼스가 좋으며 첨가물에 따라 충분한 성능을 낼 수 있다. 구형 차종과 상성이 좋으며 오일 누수의 걱정도 없다.

부분 합성유

광물유와 화학 합성유를 섞어서 만들기 때문에 반(화학) 합성유라고 부르기도 한다. 성능과 가격의 균형 측면에서는 가장 뛰어난 엔진오일이다.

화학 합성유

합성 기유(PAO)를 이용해 만든 엔진오일이며 100% 화학 합성유라고 부르기도 한다. 불순물이 없으며 저온 유동성이 높고, 산화 성능이 뛰어나다.

오일 필터

엔진오일은 엔진 내부를 순환하면서 각 부분의 오염물을 흡수한다. 이 오염물을 제거하는 것이 오일 필터다. 이름에서 알 수 있듯이 사용하면 사용할수록 오염물이 쌓이며 여과성은 떨어지므로 정기적으로 교체한다. 신차라면 처음으로 오일을 교체할 때 같이 교체한다. 이후에는 오일 교체 2회에 1회 교체가 일반적으로 추천하는 교체 주기다. 오일 필터에는 엔진에서 노출된 카트리지식, 엔진 내부에 설치된 내장식, 두 가지가 있다.

카트리지식

내장식

엔진오일의 교체

모터바이크를 장기간 유지할 때 엔진오일 관리는 아주 중요하다.
이번에는 점검과 교체 순서를 알아본다.

엔진오일의 점검

점검창에서 엔진오일의 양과 색을 확인할 수 있다. 점검창의 테두리에 상한과 하한을 나타내는 표시가 보인다.

엔진 오일양

엔진오일 점검창에서 오일양을 확인한다. 엔진을 몇 분 정도 켠 뒤에 멈추고, 몇 분 기다린 뒤에 차체가 직선인 상태에서 엔진오일의 유면이 어퍼 레벨(상한)과 로어 레벨(하한) 사이에 있는지 확인한다. 차량에 따라서는 오일 필터 캡에 붙어 있는 스티커의 게이지를 필터에 꽂아서 오일양을 확인하기도 한다. 사용 설명서의 순서를 따르자.

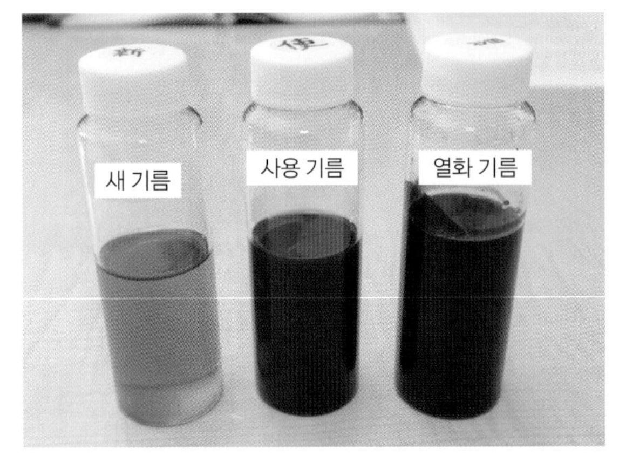

엔진오일의 색깔

일반적인 엔진오일은 열화하면 투명한 황색에서 갈색, 검은색 순서로 변한다. 새 엔진오일로 교체할 때, 색을 기억해 두면 오염 상태를 판단할 수 있다. 빨간색이나 초록색으로 착색되는 엔진오일도 있다.

엔진오일의 배출

먼저 오래된 오일을 배출한다. 오일 온도가 높은 상태에서는 작업하기가 쉽지만, 화상 위험이 있으므로 주의해야 한다.

엔진오일 주입구

엔진오일 주입구(필러)에는 필러 캡이 있다. 주입구가 차체 왼쪽에 있는 차량도 있으므로 위치를 확인해 두자.

드레인 볼트

엔진오일 배출구

엔진오일은 엔진 하부에 있는 배출구(드레인)에서 배출된다. 배출구에 있는 드레인 볼트를 풀면 엔진오일이 배출된다. 차량에 따라서 엔진오일이나 오일 필터 교체를 할 때 언더 카울과 사이드 카울, 커스텀 차량이라면 머플러를 제거해야 할 수도 있다.

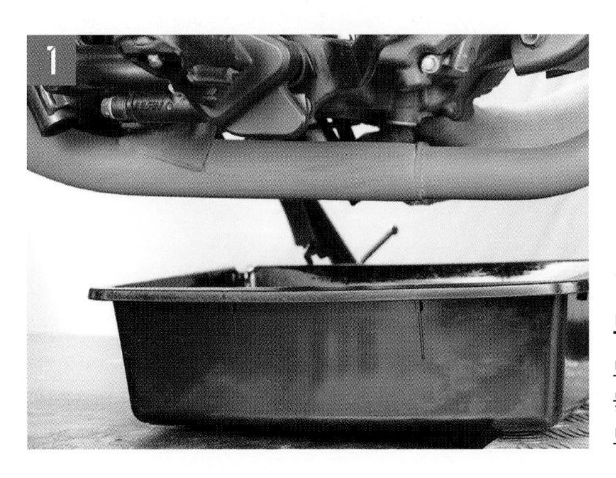

같은 위치에 있는 비슷한 볼트와 헷갈리지 않기

드레인 아래에 오일을 받을 트레이를 둔다

드레인 볼트를 풀기 전에 오일 트레이를 아래에 놓는다. 오일이 다른 방향으로 샐 수도 있으므로 드레인이 오일 트레이의 중심에 오도록 둔다.

필러 캡을 연다

오일이 잘 빠져나올 수 있도록 필러 캡을 연다.

드레인 볼트를 푼다

렌치(레블 250의 경우 12mm)를 사용해 드레인 볼트를 푼다.

드레인 볼트를 뺀다

오일이 뜨거우면 손에 묻었을 때 화상을 입을 수 있으므로 조심하면서 볼트를 빼고 오일을 배출한다.

오일이 다 빠져나올 때까지 기다린다

오일이 다 빠질 때까지 기다린다. 한 번 멈추더라도 차체를 수직으로 세우면 다시 빠지기도 한다.

배출된 오일 확인하기

배출된 오일에 반짝거리는 금속 가루나 물이 혼입돼 발생한 유화(하얀색 물체)가 없는지 확인한다.

ADVICE

금속 가루나 유화가 발견된다면

신차의 첫 오일 교체라면 몰라도 몇 번이나 오일을 교체했는데 금속 가루가 많이 발견된다면, 엔진에 중대한 문제가 일어난 상태일지도 모른다. 유화는 수분이 혼입된 증거이며 내부에서 냉각수가 새는 경우나 겨울에 단거리 운전이 많았던 경우에 발생하기 쉽다.

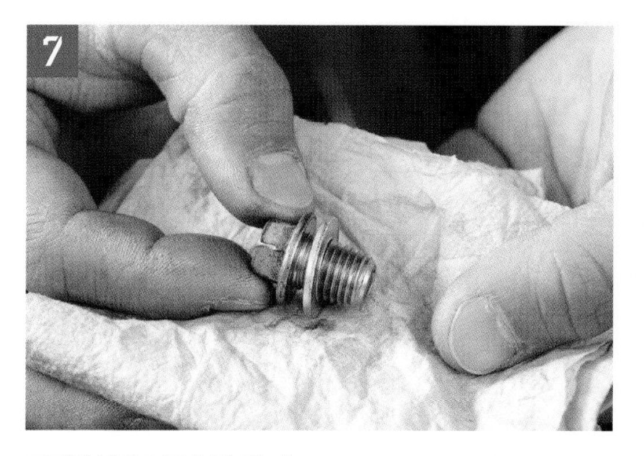

드레인 볼트를 청소한다

드레인 볼트가 오일로 더러워진 상태이므로 걸레를 사용해 닦는다.

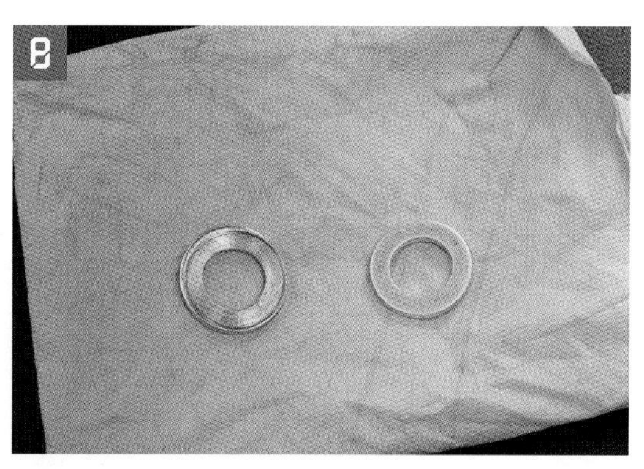

드레인 와셔를 교체한다

드레인 와셔는 소재가 알루미늄으로 찌그러지면서 오일 누수를 방지한다. 재사용이 불가능하므로 새 제품으로 교체한다.

드레인 부근을 청소한다

드레인 부근도 오일이 묻어 있으므로 걸레나 파트 클리너로 청소한다.

드레인 볼트를 끼운다

새 드레인 와셔를 부착한 드레인 볼트를 일단 손으로 끼운다.

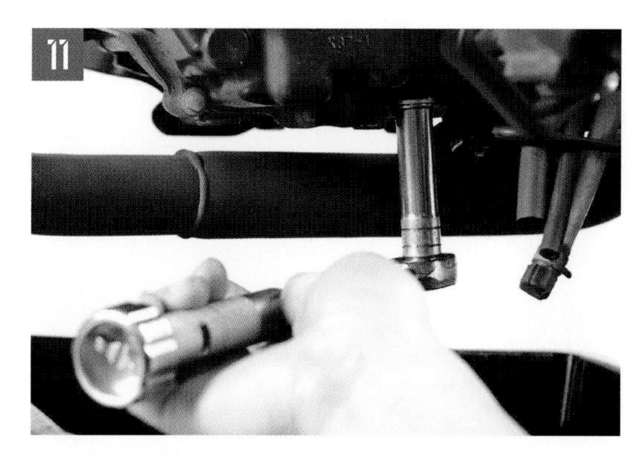

드레인 볼트를 규정 토크로 조인다

토크 렌치를 이용해 규정 토크(레블 250은 토크가 24N·m)로 조인다.

POINT

드레인 볼트를 지나치게 조이지 않도록 주의하기

드레인 볼트가 풀려서 오일이 새면 대형 사고로 이어진다. 꽉 조이는 것이 중요하지만 필요 이상으로 너무 조이면 볼트가 손상을 입고 드레인 와셔가 찌그러져서 제거할 수 없다. 토크 렌치를 사용해 적절하게 조일 수 있는 토크를 파악하는 일이 아주 중요하다.

내장식 오일 필터 교체

오일 필터는 오일을 배출한 후에 교체한다. 오일이 들어 있는 상태에서 교체하면 오일이 많이 샐 수 있다.

오일 필터의 위치

내장식 오일 필터는 차종에 따라 위치가 다르다. 레블 250은 엔진의 왼쪽 측면에 있지만 엔진 아래나 오일 팬에 있는 차량도 있다. 위치를 잘 확인한 다음에 작업한다.

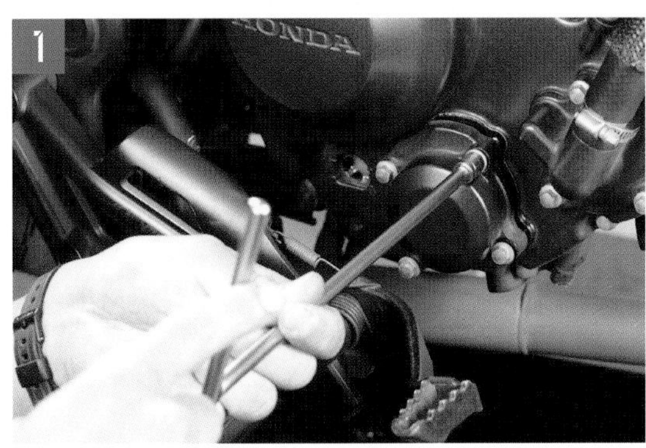

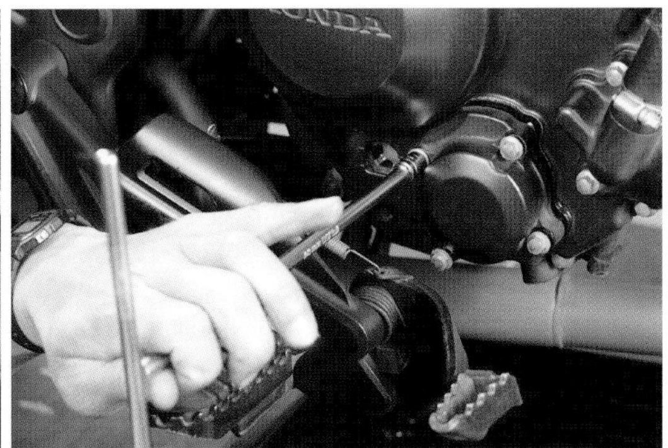

필터 커버의 볼트를 푼다

필터 커버는 볼트 4개로 고정돼 있다. 아래에 오일 트레이를 놓은 다음, 8mm 렌치로 볼트를 푼다. 커버를 벗기고 볼트를 풀 때 종종 오일이 나오기도 한다.

커버를 벗긴다

커버를 벗긴다. 달라붙어서 잘 떨어지지 않는다면 플라스틱 망치처럼 부드러운 도구로 가볍게 두드려서 충격을 주면 벗길 수 있다.

POINT

구성 부품은 미리 확인하자

내장식 오일 필터는 필터 본체 외에도 와셔, 스프링, 오링(O-ring) 등이 같이 있다. 부품들의 조합은 기종마다 달라서 무슨 부품을 쓰는지, 어떤 부품을 새 제품으로 바꿔야 하는지를 미리 확인하고 준비해야 한다.

커버 안의 부품을 확인한다

커버 안에 있는 부품을 확인한다. 사진에 보이는 차량의 경우, 커버 중앙에 스프링이 붙어 있다.

오일 필터를 벗긴다

오일 필터를 당겨서 뺀다.

ADVICE

개스킷은 매번 교체한다

종이로 만든 개스킷이 망가지지 않고 원래 형태가 보존된 모습을 보면 재사용하고 싶은 마음이 든다. 그러나 개스킷은 찌그러지면서 부품 사이를 막고 오일 누수를 방지하는 소모품이다. 약간이라도 절약하겠다는 생각과 귀찮아서 넘기고 싶은 마음에 오일 누수를 초래하는 일이 없어야겠다.

개스킷을 제거한다

엔진 본체와 커버 사이에 붙어 있는 개스킷을 제거한다.

꼼꼼한 청소로
모터바이크를 깨끗하게 유지하자

개스킷의 접합부를 닦는다

개스킷의 접합부에 오염물이 묻어 있으면 밀폐성이 떨어진다. 걸레를 이용해서 청소한다.

커버에 오일 필터를 끼운다

오일 필터를 필터 커버에 끼운다. 스프링이 빠지는 일을 막아 준다.

커버에 개스킷을 끼운다

사진에 보이는 방향으로 오일 필터를 끼우고 새 개스킷을 커버에 끼운다.

커버에 볼트를 넣고 엔진에 끼운다

개스킷은 위치가 잘 어긋나기 때문에 일단 한 곳에 볼트를 꽂은 후, 뒤틀리지 않도록 주의하면서 남은 볼트를 꽂는다.

규정 토크로 고정 볼트를 조인다

볼트 4개를 조금씩 균등하게 조이면서 마지막에는 12N·m 토크로 조인다.

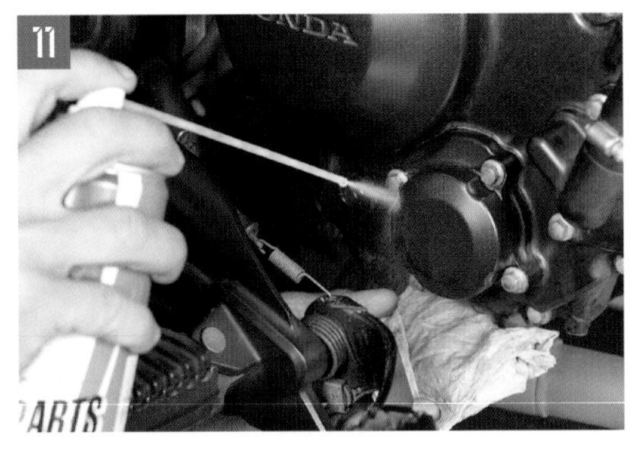

필터 커버 주변을 청소한다

누수된 오일이 있으면 오염물이 잘 생기므로 파트 클리너로 주위를 청소한다. 필터 교체 작업이 끝났다.

카트리지식 오일 필터 교체

카트리지식은 비교적 간단하게 교체할 수 있다. 별도의 개스킷을 준비할 필요가 없다.

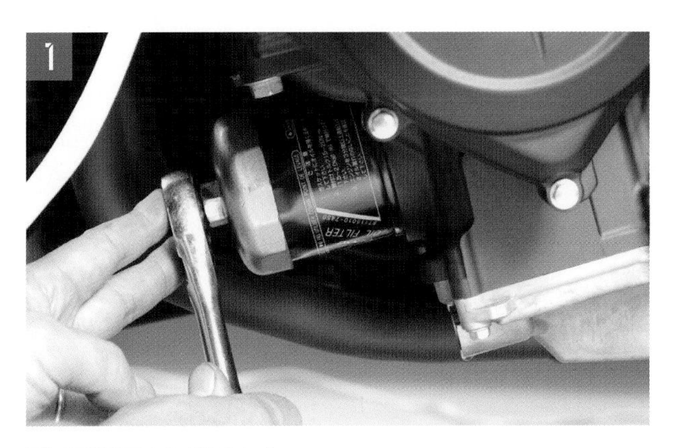

필터 렌치로 필터를 푼다

아래에 오일 트레이를 놓고 필터 렌치를 사용해 오일 필터를 푼다.

POINT

적정 크기의 공구를 준비하기

카트리지식 오일 필터는 크기가 여러 가지이므로 필터 렌치도 크기를 조절할 수 있는 제품이 있다. 다만 손잡이가 붙어 있는 제품은 공간을 잡아먹기 때문에 모터바이크에 적합하지 않다. 범용성은 떨어지더라도 고정식 제품이 사용하기 좋다.

필터를 뺀다

렌치로 푼 다음에 손으로 돌려서 필터를 뺀다.

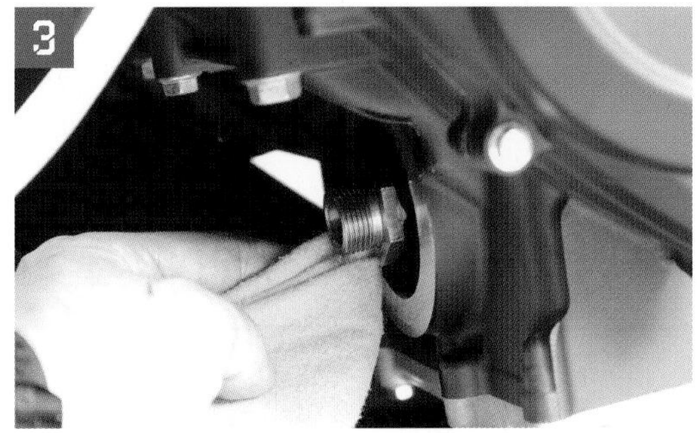

필터 접합부의 오염물을 제거한다

오일 필터와 엔진이 맞닿는 면을 걸레로 닦는다.

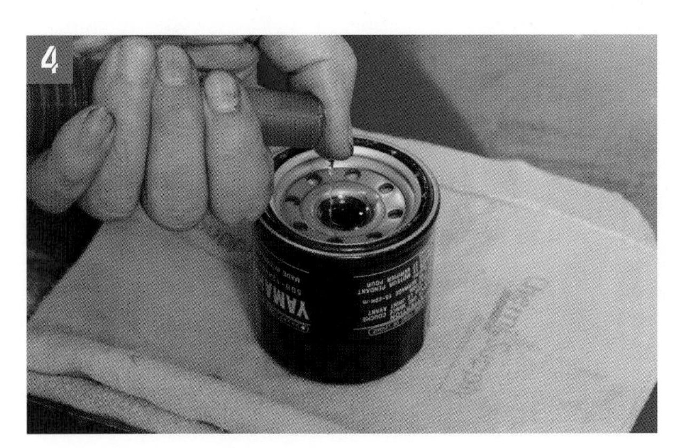

오일 필터 교체 작업은 미리 준비를 잘해야 한다

필터 내부에 오일을 넣는다

부착할 새 필터 안에 새 엔진오일을 100cc 정도 넣는다. 이렇게 하면 오일 통로 안에 공기가 잘 들어가지 않는다.

POINT

오링에 오일을 바른다

카트리지식 오일 필터에는 엔진과 접합부에 고무로 된 오링이 있다. 오링이 오일 누수를 막는다. 오일 필터를 그대로 끼우면 조일 때 오링이 걸려서 흠집이 나거나 끊어진다. 끼우기 전에 오일을 얇게 발라서 미끄러운 상태를 만들어야 한다.

처음에는 손으로 필터를 끼운다

손으로 오일 필터를 꽂는다

안에 들어간 오일이 새지 않도록, 어긋나지 않게 손으로 조심히 필터를 꽂는다.

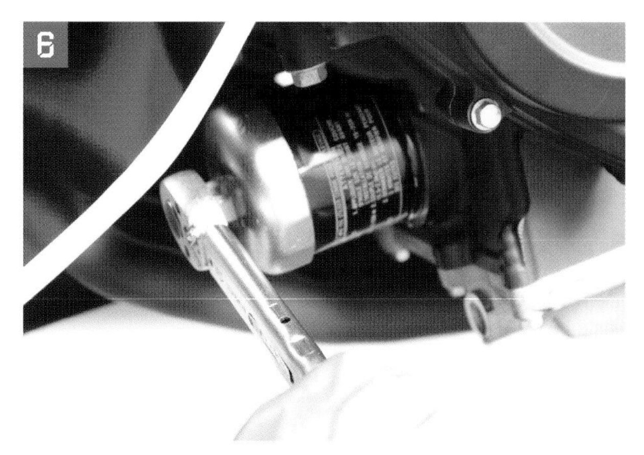

규정 토크로 조인다

필터가 엔진에 밀착할 때까지 꽂은 다음에는 필터 렌치와 토크 렌치를 사용해 규정 토크로 조인다.

엔진오일의 주입

드레인 볼트, 오일 필터를 제대로 부착했다면 새 오일을 넣는다.

처음에는 오일을 조금만 넣는다

먼저 규정보다 다소 적은 양의 오일을 넣는다. 바로 들이부으면 주유구에서 넘칠 수 있으므로 천천히 넣는다.

POINT

오일은 적정량이 중요하다

엔진오일은 양이 적으면 안 되지만, 너무 많아도 저항이 늘어나는 악영향이 발생한다. 지나치게 많이 주유한 오일을 다시 빼기는 상당히 어려우니, 한 번에 규정된 양을 넣으려 하지 말고 여러 번에 걸쳐서 넣는 편이 좋다.

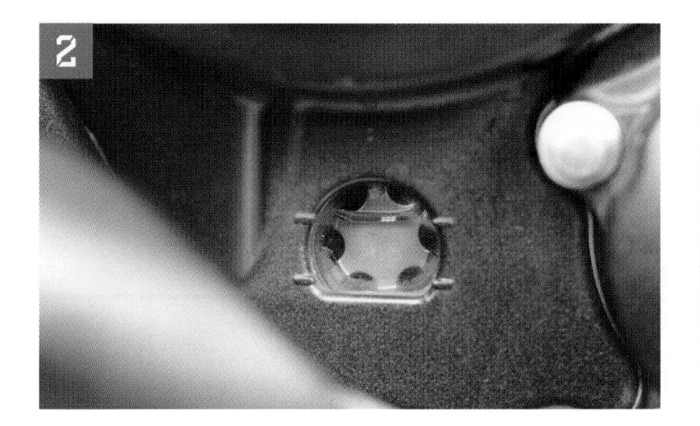

오일양 확인하기

점검할 때와 같은 순서로 오일양을 확인한다.

상한까지 오일 추가하기

필요하다면 상한까지 오일을 추가해 넣는다.

오일양을 미리 확인한다

필러 캡을 닫는다

오일 필러 캡을 확실히 닫는다. 캡에 있는 오링이 손상됐다면, 새 제품으로 교체한다.

점화 플러그

**점화 플러그는 엔진 안에 있는 혼합기에 불을 붙이는 장치다.
원래 소모품이지만 교체 빈도가 크게 줄어들었다.**

점화 플러그의 구조

ADVICE

플러그 교체 시기

일반적인 플러그를 사용하는 차량이 많았던 시대에는 대략 3,000~5,000km마다 교체하는 것이 상식이었다. 그러나 요즘 차량에 탑재된 플러그는 중심 전극에 이리듐을, 외측 전극에도 귀금속을 사용해 수명이 긴 편이다. 차량 제조사가 지정하는 교체 시기는 수만 km(레블 250은 4만 km)로 훨씬 더 늘어났다.

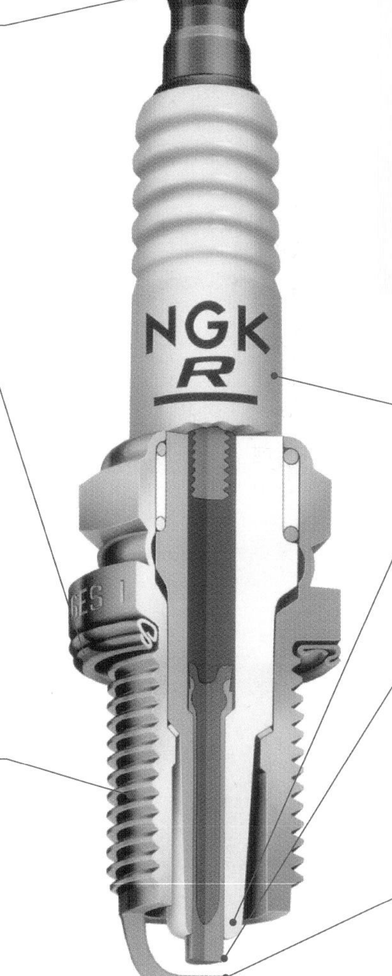

터미널

점화 장치(이그니션 코일)의 전류가 흐르는 단자. 플러그 코드의 끝에 달린 플러그 캡과 딱 붙어 있다. 이 그림의 점화 플러그는 끝에 스크류 타입의 터미널 너트가 달린 상태이며 플러그 캡의 종류에 따라서 이를 벗기고 사용한다.

개스킷

플러그를 조이면 개스킷이 눌리면서 실린더 헤드와 밀착한다. 지나치게 눌려도 문제가 발생할 수 있으므로 지정된 토크 또는 회전 각도를 지켜야 한다. 플러그를 재이용할 때는 개스킷이 이미 찌그러진 상태이므로 적정 회전 각도가 더 얕아진다.

나사 부분

플러그마다 나사의 길이(리치)와 지름이 있으므로 반드시 지정된 플러그를 사용해야 한다. 나사 부분에 고온 방지제를 바르는 것이 일반적이지만, 마찰이 줄어든 만큼 나사가 쉽게 조여진다. 지정 토크로 조이면 지나치게 조여지는 경향이 있으므로 주의한다.

애자

전기를 통과시키지 않는 절연체로 전극에 전압을 모은다. 플러그의 점화 상태는 주로 중심 전극 근처의 애자 색으로 점검한다.

중심 전극

이곳에서 외측 전극을 향해 방전되며 연소가 일어난다. 방전으로 소모돼 외측 전극까지의 간격, 플러그 캡이 규정 수치에서 멀어지면 착화가 잘되지 않는다.

외측 전극

중심 전극에서 방전된 전기가 외측 전극에 흐른다. 이 부분의 형태에 따라 착화 성능이 달라진다.

점화 플러그의 교체

점화 플러그의 교체 순서와 난이도는 점화 플러그에 얼마나 접근하기 쉬운지에 따라 크게 좌우된다.

카울이 없는 단기통 차량은 작업이 간단하다

구조를 확인한다

플러그 접합부를 확인한다. 레블 250은 엔진 윗면의 중앙에 있다.

플러그 캡을 뽑는다

플러그 캡을 뽑는다. 코드 부분을 잡으면 플러그 캡에서 빠지고 접촉 불량(점화 불량)을 초래하므로 절대로 잡으면 안 된다.

플러그 캡의 형태

순정 플러그 캡은 실린더 헤드의 형태에 맞춰서 만들어지므로 모양이 다양하다.

POINT

플러그 캡의 형태

현재 주류인 4사이클 엔진은 점화 플러그가 실린더의 깊숙한 곳에 붙어 있다. 여기에 쓰레기와 먼지가 들어가지 않도록 플러그 캡은 대개 접합부(플러그 홀)를 막는 뚜껑 형태를 취한다.

POINT

플러그 홀의 쓰레기

앞서 말했듯이 순정 플러그 캡의 대다수는 플러그 홀을 막는 형태다. 다만 실린더 헤드의 형태에 따라서는 물리적으로 다 막지 못할 수도 있다. 플러그 홀에 쓰레기가 있는 상태에서 플러그를 빼면 엔진 내부에 떨어져서 문제를 일으킨다. 압축 공기로 미리 날려보낸 뒤에 작업하면 안전하다.

4

플러그 렌치를 꽂는다

적정한 크기의 플러그 렌치를 플러그 홀에 꽂는다.

ADVICE

최적의 플러그 렌치

플러그 렌치는 플러그와 크기가 맞는지, 차체에 간섭하지 않는지가 중요하다. 레블 250은 플러그 홀이 깊어서 렌치가 길지 않으면 플러그에 닿지 않는다. 하지만 바로 위에는 프레임이 있으므로 너무 길면 방해가 돼 작업할 수 없다.

5

플러그를 푼다

렌치를 꾹 눌러서 플러그와 딱 맞물리는지 확인한 뒤에 렌치를 돌려 플러그를 푼다.

6

플러그를 뺀다

플러그를 완전히 풀고 나사산이 실린더 헤드에서 빠지면 엔진에서 제거한다.

POINT

플러그 형태

엔진이 적절하게 연소하는지는 중심 전극 주변의 애자 색깔로 판단할 수 있다. 연한 회색이나 연한 갈색이 적절한 색깔이며, 흰색이나 검은색은 부적절한 상태다. 흡기계의 세팅이나 엔진 자체의 상태에 문제가 있다고 판단할 수 있다. 또한 플러그 캡의 상태가 적절한지도 측정한다. 고가 품목은 아니기 때문에 탈착하는 수고를 생각한다면 불량이 아니더라도 새 제품으로 교체하는 것도 괜찮다.

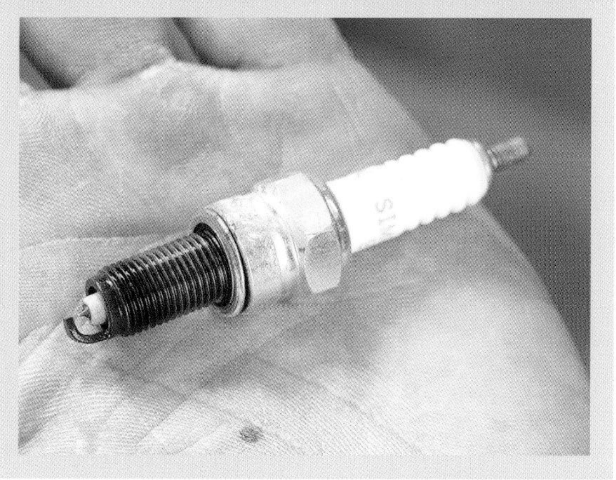

ADVICE

처음 조일 때는 손으로

플러그가 실린더 헤드에 대각선으로 들어가면 몇 번 돌리지 않아도 멈추고 만다. 핸들이 달린 플러그 렌치는 그 상태에서도 돌리기 때문에 나사산이 손상될 위험성이 있다. 조일 때는 수직으로 들어가는지를 알기 쉽게 손으로 돌린다.

7

플러그를 플러그 홀에 넣는다

점화 플러그를 넣는다. 플러그 홀이 깊으므로 플러그 렌치에 꽂아서 넣는다. 핸들 없이 렌치를 손으로 쥐고 멈출 때까지 플러그를 돌린다. (얼마 돌리지 않았는데 멈춘다면 잘못 끼운 것이므로 다시 푼다.)

8

플러그를 조인다

개스킷이 실린더 헤드에 접해 멈출 때까지 넣었다면 규정 토크 또는 회전 각도로 조인다.

9

플러그 캡을 붙인다

플러그 홀에 플러그 캡을 붙인 뒤, 플러그 터미널과 딱 맞물린다는 느낌이 들 때까지 밀어 넣는다.

냉각수

수랭식 엔진에서 연소로 인해 발생한 열을 식히는 냉각수도 소모품이다.
냉각수량의 점검, 교체 등의 정비가 필요하다.

엔진 냉각의 원리

엔진은 가솔린을 연소해서 그 힘으로 구동력을 얻는다. 연소로 인해 열이 발생하는데, 이를 식히지 않으면 엔진은 망가진다. 냉각식 엔진은 내부 통로에 냉각수를 통과시켜서 온도를 낮춘다. 냉각수는 물 펌프 덕분에 엔진 내부를 순환하며 라디에이터를 거쳐 열을 대기로 방출한다. 지나치게 식은 냉각수는 악영향을 주기 때문에 어느 정도의 온도가 될 때까지는 라디에이터에 가지 않도록 서모스탯이 작용한다.

라디에이터
서모스탯
실린더 헤드에서 크랭크 케이스로 흐른다
물 펌프
파이프 호스
물 펌프에서 실린더 헤드 안으로
실린더 헤드에서 서모스탯을 경유해 라디에이터로

냉각수의 경로
워터 라인

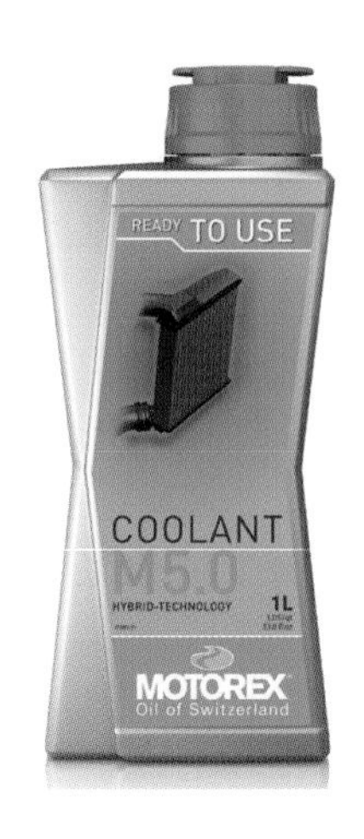

쿨런트

냉각수에 담수를 사용하면 저온일 때 동결되고, 엔진 내부를 부식시킬 위험이 있다. 그래서 저온에서 얼지 않고, 부식을 일으키지 않는 성분을 추가한 것이 쿨런트다. 쿨런트에는 물에 섞이지 않고 뜨는 희석 타입과 그대로 사용하는 스프레이 타입이 있다. 얼지 않는 온도는 제품이나 희석하는 농도에 따라 변한다.

냉각수 점검

냉각수는 워터 라인과 리저버 탱크 안을 오간다. 리저버 탱크 내부의 냉각수량을 점검한다.

리저버 탱크의 위치

냉각수의 리저버 탱크는 대부분 눈에 띄지 않는 위치에 있다. 레블 250은 스윙 암의 아래, 화살표가 가리키는 위치에 있다. 왼쪽 옆면에서 기울여 보지 않으면 확인할 수가 없다.

냉각수량을 확인한다

차체를 수직으로 세운 상태에서 냉각수가 어퍼와 로어 사이에 있는지 확인한다.

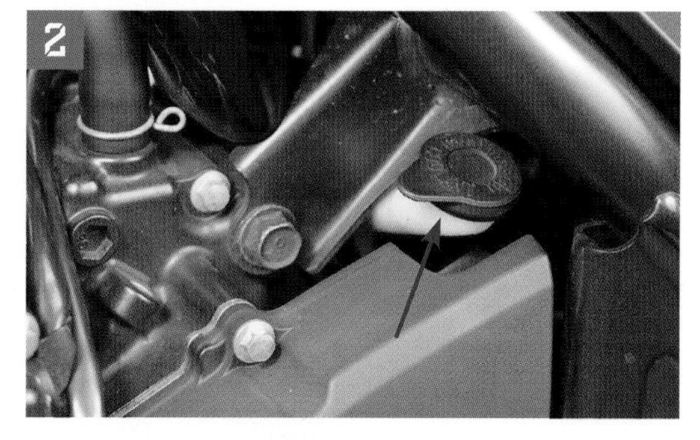

리저버 탱크의 보충구

리저버 탱크에 냉각수를 보충하는 구멍이 어디 있는지 확인한다. 레블 250은 스윙 암 전방에 있다.

보충구의 캡을 연다

고무 소재의 캡이 있고, 이를 연다.

냉각수를 보충한다

필요에 따라 냉각수를 보충한다. 현저히 감소했거나 탱크가 텅 빈 경우에는 이상이 발생한 것일 수 있으므로 정비소에서 상담한다.

냉각수 교체

사용을 거듭하면 냉각수는 열화하기 때문에 정기적인 점검이 필요하다. 반드시 엔진을 식히고 냉각수 온도가 낮아진 상태에서 작업한다.

드레인 볼트를 푼다

냉각수의 드레인 볼트를 푼다. 대부분 물 펌프 근처에 있다. 풀어도 압력 때문에 냉각수가 나오지 않는다.

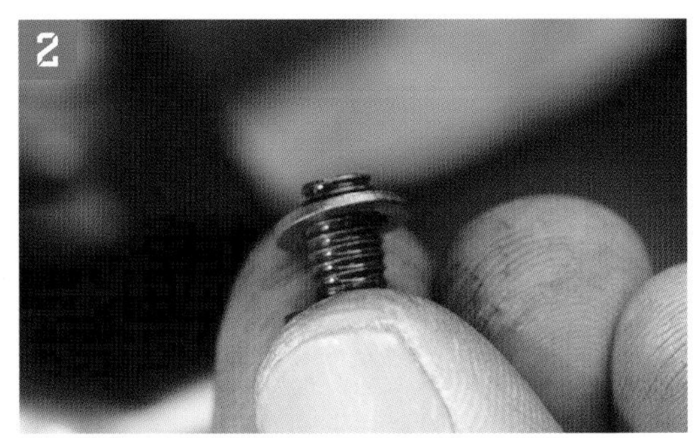

드레인 볼트의 실 와셔를 교체한다

드레인 볼트에는 실 와셔가 부착돼 있으므로 새 제품과 교체한다.

라디에이터 캡의 고정 나사를 푼다

라디에이터에 있는 라디에이터 캡에 풀림 방지가 돼 있으면 관련 부품도 푼다.

냉각수 받을 준비를 하고 캡을 벗긴다

드레인 부분에 트레이를 두고 라디에이터 캡을 벗긴 뒤 냉각수를 뺀다. 리저버 탱크의 냉각수도 뺀다.

라디에이터 캡의 상태를 확인한다

냉각수 통로는 물의 끓는점을 넘어도 끓지 않도록 밀폐해 높은 압력을 유지한다. 고무 실의 상태를 확인하고 손상됐다면 캡을 교체한다. 이 작업으로 밀폐성을 유지할 수 있다.

냉각수는
천천히 붓는다

새 냉각수를 넣는다

드레인 볼트를 조인 다음에는 라디에이터의 투입구(캡 부착 부분)로 냉각수를 넣는다. 마구 넣으면 넘치기 때문에 들어가는 상황을 확인하며 천천히, 투입구까지 아슬아슬하게 찰 정도로 냉각수를 넣는다.

POINT

공기 빼기

냉각수 통로는 꼬불꼬불 구부러진 복잡한 형태이기 때문에 빈 통로에 냉각수를 넣으면 통로 일부에 공기가 머물면서 냉각 성능이 떨어진다. 그래서 투입구까지 아슬아슬하게(사진 참고) 냉각수를 넣고 엔진 시동을 건다. 이렇게 하면 냉각수가 순환하고, 안에 있던 공기가 기포가 되면서 액면이 낮아진다. 낮아진 만큼 냉각수를 보충하면서 기포가 나오지 않을 때까지 아이들링을 한다.

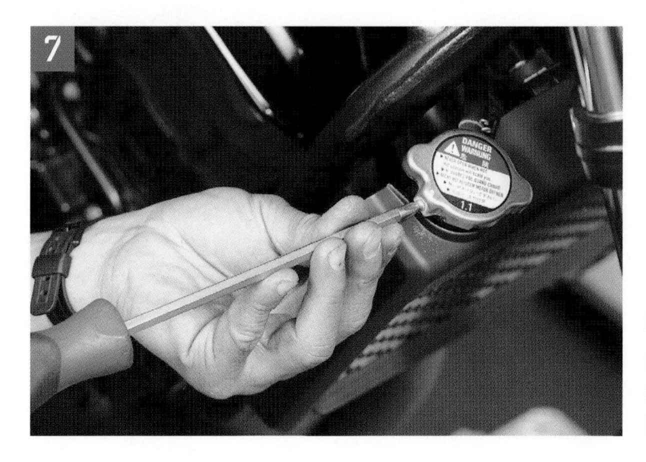

냉각수를 교체한 뒤에는
공기 빼기 작업을 한다

라디에이터 캡을 부착한다

리저버 탱크에도 냉각수를 보충했다면 라디에이터 캡을 붙이고 십자 나사로 고정한다.

클러치의 유격 조절

와이어식 클러치에서 클러치가 끊어지는 레버 위치, 유격 등을 어떻게 조절하는지 설명한다. 올바른 순서를 익혀보자.

레버 쪽 어저스터

클러치 유격은 와이어의 팽팽한 정도를 변경해 조절할 수 있다. 조절에 쓰는 어저스터는 2개가 있으며 먼저 클러치 레버에 있는 어저스터를 조작한다. 이 어저스터로 조절하지 못한다면 엔진 쪽 어저스터를 조절한다.

록 너트를 푼다

얇고 지름이 큰 록 너트를 어저스터 쪽에서 봤을 때 반시계 방향으로 돌려서 푼다.

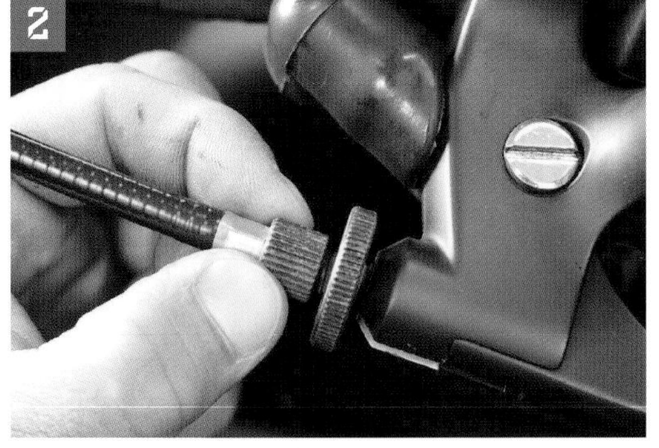

어저스터를 돌려서 유격을 조절한다

유격을 작게 할 때는 어저스터를 꽂아 넣고, 크게 할 때는 풀어서 바깥으로 빼낸다.

레버를 조작해 유격을 확인한다

조절이 끝나면 실제로 타기 전에 반드시 움직여서 확인한다. 엔진 시동을 걸고 브레이크를 건 상태에서 클러치 레버를 쥐고 기어를 넣는다. 유격이 너무 커서 클러치가 끊어지지 않는다면 엔진을 멈춘다.

POINT

클러치의 유격

유격이 너무 작으면 항상 클러치가 끊어지거나 반 클러치 상태가 된다. 이 상태로는 정상적인 주행을 할 수 없을 뿐만 아니라 클러치에 부담이 가서 손상이 일어난다. 유격을 조절할 때는 클러치가 완전히 이어지고 끊어지는 상태가 되는지가 중요하다.

록 너트를 조이고 어저스터를 고정한다

유격이 적절해지면 어저스터가 움직이지 않도록 누르면서 록 너트를 움직이지 않을 때까지 조이고, 어저스터를 고정한다.

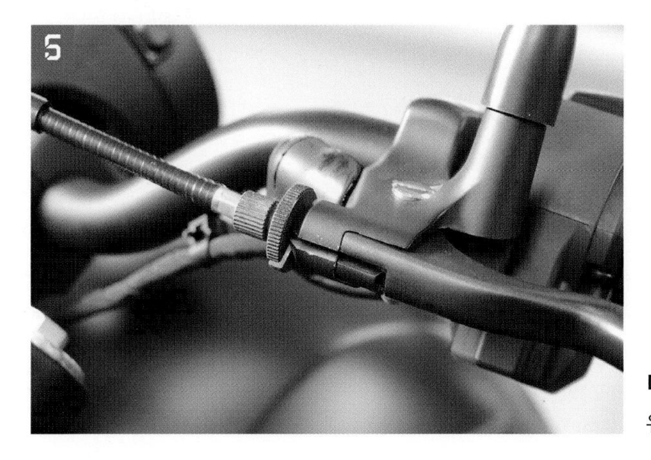

어저스터 부분에
커버가 있기도 하다

다시 유격을 확인한다

유격이 변했는지 다시 레버를 쥐고 확인한다.

레버 쪽 어저스터는
조절 범위의 중앙에 둔다

록 너트를 렌치로 푼다

레버 쪽에서 조절을 다 하지 못한 경우, 조절 범위에서 아슬아슬하게 벗어났을 때 엔진 쪽에서 조절한다. 클러치 케이블의 끝에 조절 기기가 있으므로 엔진 쪽에 있는 록 너트를 렌치로 푼다.

록 너트와 홀더의 간격을 넓힌다

풀어낸 록 너트는 조절에 방해가 되지 않도록 손으로 더 풀고 케이블 홀더와의 간격을 넓힌다.

어저스터를 조작한다

홀더의 반대쪽 어저스터 너트를 돌려서 유격을 조절한다. 조이면 작아지고 풀면 커진다.

POINT

유격 증가는 수명이 다했다는 신호

클러치 케이블은 튼튼해서 교체 직후의 초기를 제외하고는 늘어나서 유격이 커지는 일이 드물다. 급격히 유격이 커졌거나 조절해도 곧바로 유격이 커지는 경우에는 케이블이 풀려서 끊어지려는 징후이므로 새 제품으로 교체한다.

어저스터 너트를 고정해 록 너트를 조인다

유격이 변하지 않도록 어저스터 너트를 고정한 상태에서 록 너트를 조인다. 조절한 후에는 반드시 타기 전에 유격을 확인한다.

브리더 드레인

엔진에서는 배기가스 이외에도 배출되는 물질이 있으며, 브리더 드레인에 이 물질이 머문다. 정기적으로 정비해야 한다.

블로바이 가스와 관련한 장치

정기적인 청소가 필요하다

엔진은 흡기 시스템에서 혼합기를 빨아들이고 연소실 안에서 연소시킨다. 그러나 혼합기와 연소 후의 일부 가스는 연소실에서 누출된다. 이를 합친 것을 블로바이(blow-by) 가스라고 부르는데, 에어 클리너 박스에 다시 돌아간 뒤에 연소실로 보내진다. 블로바이 가스에는 오일이 섞인 경우도 있으며, 일부는 액화해서 엔진으로 돌아오지 않는다. 액화한 블로바이 가스를 모으는 곳이 브리더 드레인이며, 정기적으로 이곳의 퇴적물을 제거해야 한다.

플러그를 고정하는 클램프를 벗긴다

호스 끝에 있는 브리더 드레인 플러그를 고정하는 클립을 펜치로 집어서 연 다음에 플러그에서 벗긴다.

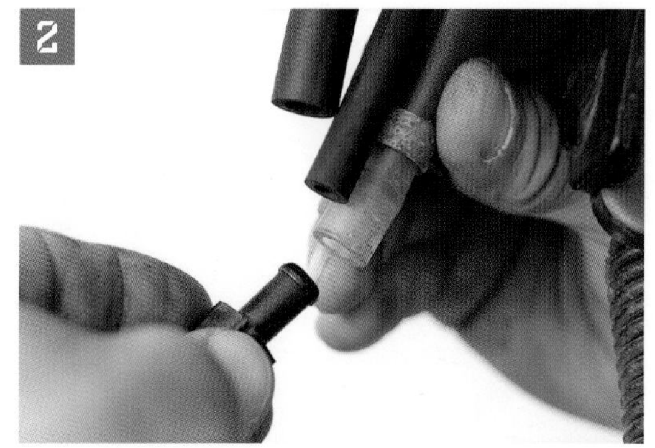

용기를 준비하고 플러그를 뺀다

용기를 호스 쪽에 놓고, 드레인 플러그를 뺀 뒤에 퇴적물을 배출한다.

브리더 드레인은 모양이 다양하다

브리더 드레인의 모양은 다양하다. 앞서 소개한 호스+플러그 형식 외에도 호스+투명 탱크, 사진처럼 호스와 탱크가 일체화된 것도 있다. 그 수도 1개만 있는 것이 아니기 때문에 자신의 모터바이크 타입이 어떤지를 점검해야 한다.

클립을 벗기고 브리더 드레인을 뺀다

라디오 펜치를 사용해 클립을 넓힌 상태에서 클립 통째로 브리더 드레인을 뺀다. 퇴적물이 흐르지 않도록 제거한 뒤에 깨끗하게 청소한다.

브리더 드레인을 끼운다

브리더 드레인을 에어 클리너의 접합부에 꽉 끼운다. 그리고 클립을 접합부에 있는 돌기 끝까지 넣어 브리더 드레인을 고정한다.

POINT

검은 캡은 뺄 필요가 없다

사진 왼쪽에서 보듯 브리더 드레인 옆에 끝이 사선으로 된 검은 캡이 있을 때도 있다. 브리더 드레인처럼 보이지만 통기를 위해 구멍이 나 있는 것이며, 무언가를 저장하는 용도가 아니다. 일부러 빼서 정비할 필요는 없다.

PART 4

바퀴 주변의 정비

체인 드라이브, 브레이크, 타이어 등 바퀴 주변의 점검과 정비 순서를 소개한다. 안전과 주행 성능에 직결되는 부분인 만큼 올바른 순서로 실시해야 하며, 불안하다 싶으면 전문가에게 맡기도록 하자.

차량·취재 협력 : 혼다 모터사이클 재팬
차량 협력 : 렌털819 https://www.rental819.com
취재 협력 : 혼다 드림 요코하마 아사히 / 스피드하우스

CAUTION

· 이 책은 숙련된 사람의 지식과 작업, 기술을 바탕으로 하며 독자에게 도움이 되리라 판단한 내용을 편집한 뒤 재구성한 것입니다. 따라서 이 책은 모든 사람의 작업 성공을 보장하지 않습니다. 출판사, 주식회사 STUDIO TAC CREATIVE 및 취재에 응한 각 회사는 작업의 결과와 안전성을 일절 보장하지 않습니다. 또한 작업 중에 물적 손해와 상해가 일어날 가능성이 있습니다. 작업상 발생한 물적 손해와 상해는 당사에서 일절 책임지지 않습니다. 모든 작업의 위험 부담은 작업을 진행하는 본인이 지므로 충분한 주의가 필요합니다.

체인 드라이브

체인 드라이브는 엔진 구동력을 전달할 뿐만 아니라 미션의 변속 정밀도와 바퀴 주변부에도 영향을 주는 중요한 부품이다.

체인 드라이브의 구조

체인 드라이브는 스프로킷과 맞물리는 롤러, 롤러를 지지하는 안쪽 플레이트, 안쪽 플레이트를 연결하는 바깥 플레이트, 이를 지속시키는 핀으로 구성된다. 전체가 접동부라고 할 수 있으며 저항을 줄여 수명을 늘리려면 체인 루브로 윤활을 반드시 해야 한다. 여기에 수명을 더욱 늘리려고 내부에 그리스를 넣은 실 체인이 널리 쓰이고 있다. 체인 드라이브는 마모로 인해 전체 길이가 늘어나며, 이때는 장력을 조절해야 한다.

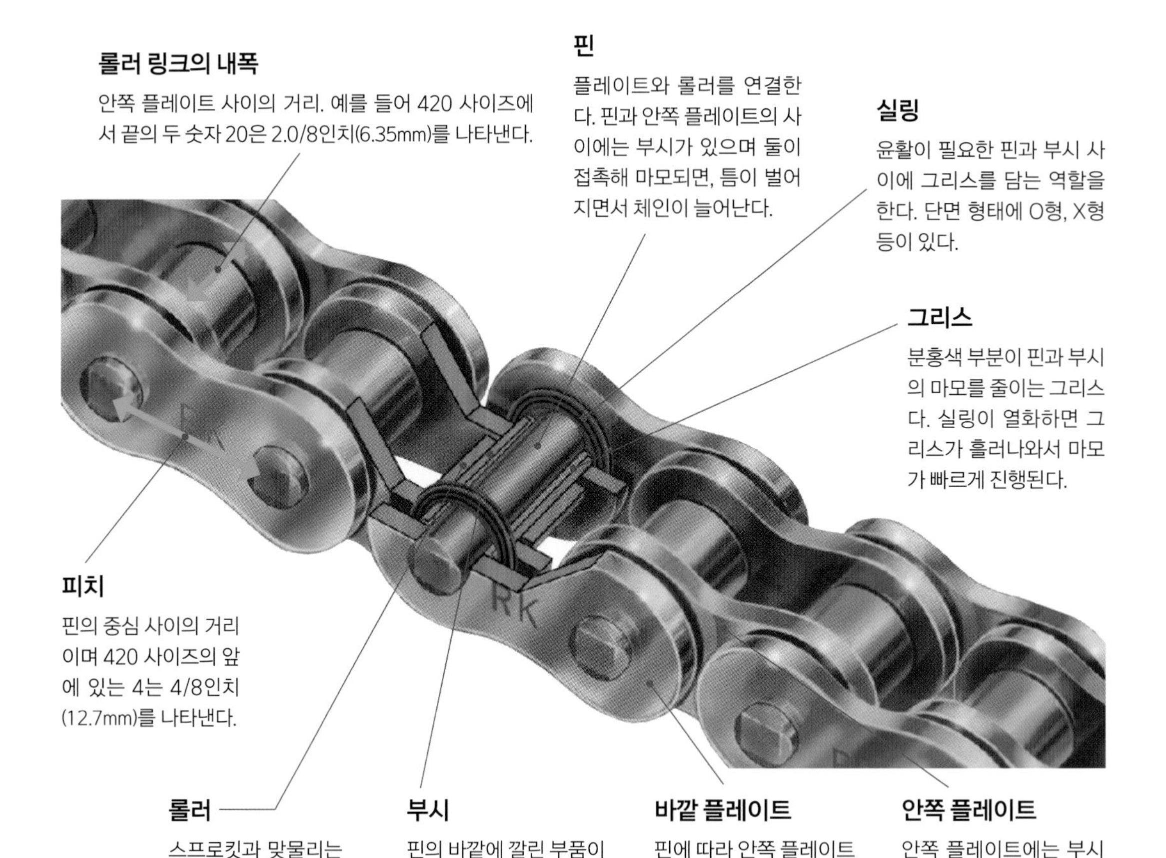

롤러 링크의 내폭
안쪽 플레이트 사이의 거리. 예를 들어 420 사이즈에서 끝의 두 숫자 20은 2.0/8인치(6.35mm)를 나타낸다.

핀
플레이트와 롤러를 연결한다. 핀과 안쪽 플레이트의 사이에는 부시가 있으며 둘이 접촉해 마모되면, 틈이 벌어지면서 체인이 늘어난다.

실링
윤활이 필요한 핀과 부시 사이에 그리스를 담는 역할을 한다. 단면 형태에 O형, X형 등이 있다.

그리스
분홍색 부분이 핀과 부시의 마모를 줄이는 그리스다. 실링이 열화하면 그리스가 흘러나와서 마모가 빠르게 진행된다.

피치
핀의 중심 사이의 거리이며 420 사이즈의 앞에 있는 4는 4/8인치(12.7mm)를 나타낸다.

롤러
스프로킷과 맞물리는 부분이며 회전하기 때문에 부시 사이의 틈에 주유를 해야 한다.

부시
핀의 바깥에 깔린 부품이며 안쪽 플레이트에 압입돼 있다.

바깥 플레이트
핀에 따라 안쪽 플레이트와 부시를 연결한다. 핀과 함께 하중을 받친다.

안쪽 플레이트
안쪽 플레이트에는 부시가 압입돼 있다. 마찬가지로 하중을 받치는 부위다.

체인 고르는 법

서비스 매뉴얼에 있는 420이라고 적힌 크기 숫자와 링크 수(길이를 뜻하며 안쪽 플레이트의 총수를 가리키고, 핀의 총 개수도 같다.)를 확인한다. 체인은 크기 외에도 미관을 좌우하는 플레이트 처리, 내마모성과 강도에 영향을 주는 구조의 차이에 따라 등급이 있다.

스프로킷의 기초 지식

체인 드라이브와 함께 엔진 구동력을 휠에 전달하는 것이 스프로킷이다. 2개가 한 세트로 사용되며 엔진 쪽을 드라이브 스프로킷, 휠 쪽을 드리븐 스프로킷이라고 부른다. 철 또는 알루미늄으로 만드는데, 체인과 마찬가지로 사용할수록 마모된다.

스프로킷의 톱니 수를 변경하면 2차 변속비가 변하며 엔진 성능은 그대로에 가속력이 강해지거나(가속형), 같은 속력이라도 회전수가 낮아지는(고속형) 효과를 얻을 수 있다.

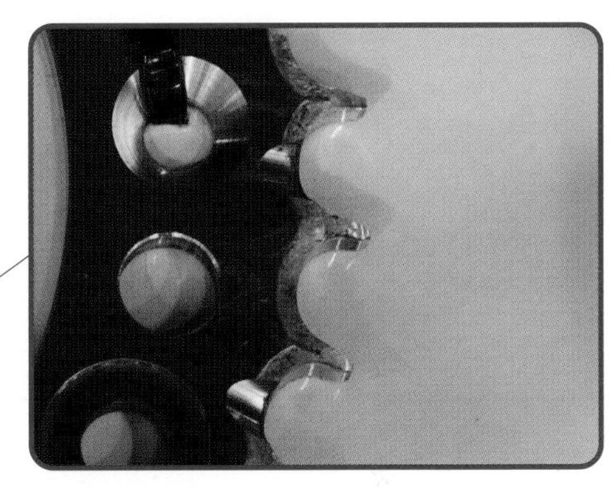

스프로킷의 마모

스프로킷은 체인 드라이브의 롤러 및 안쪽 플레이트에 접하는 부분이 깎인다. 체인 드라이브의 상태가 나빠져서 저항이 증가하면 마모의 진행이 더 빨라진다. 수명은 각 상태에 따라 좌우되므로 체인과 스프로킷은 동시에 교체하는 것이 정석이다.

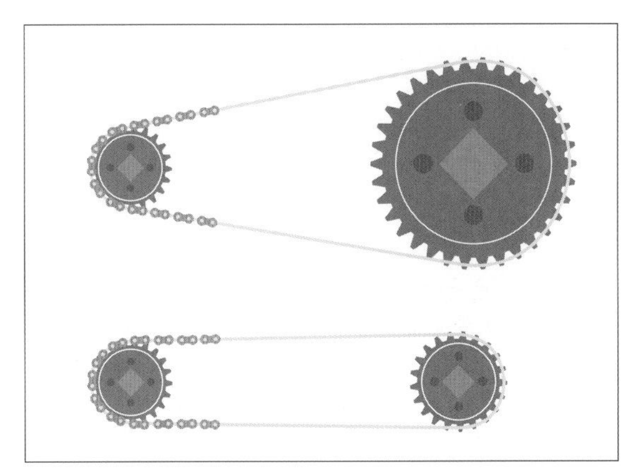

기어비(감속비)의 조절

리어 드리븐 스프로킷의 톱니 수를 늘리면 가속형, 줄이면 고속형으로 조절할 수 있다. 반대로 프런트 드라이브 스프로킷의 톱니 수를 늘리면 고속형, 줄이면 가속형이 된다. 일반적으로 앞의 톱니 수 하나를 늘리거나 줄이면 뒤의 톱니 수를 3개 늘리거나 줄이는 것과 같다. 톱니 수를 변경하면 체인 드라이브의 링크 수를 변경해야 할 수도 있다. 또한 체인 라인(체인이 지나가는 위치)이 변하기 때문에 엔진이나 체인 가드와 접촉하지 않는지도 확인해야 한다.

체인 드라이브의 조절

체인 드라이브가 늘어나면 샤프트 체인지가 어려워지며,
최악에는 스프로킷에서 빠지며 사고가 일어날 수 있다.

점검과 조절

체인 드라이브는 서서히 늘어나서 체감하기가 어렵기에 얼마나 늘어났는지를 정기적으로 점검하고 규정치에서 벗어나면 조절한다.

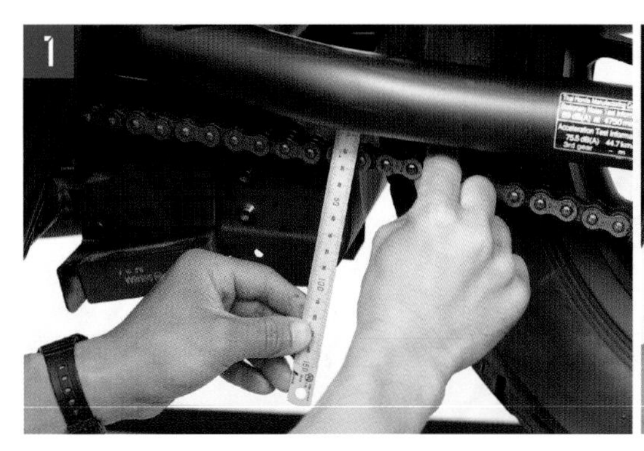

늘어남을 점검한다

늘어남은 전후 스프로킷의 중간 지점에서 측정한다. 자를 이용해 손으로 움직였을 때의 상단과 하단 폭을 측정한다. 일부만 늘어나기도 하므로 체인의 여러 부위에서 측정한다.

사용 한계에 달했다면
체인을 교체한다

현재 조절 위치를 확인한다

늘어난 정도가 규정된 수치에서 벗어났다면 조절한다. 먼저 조절의 한계(사용 한계)에 달하지 않았는지 확인한다. 사진처럼 화살표로 표시된 부분의 홈이 실의 붉은 위치에 도달하면 수명이 다한 것이다.

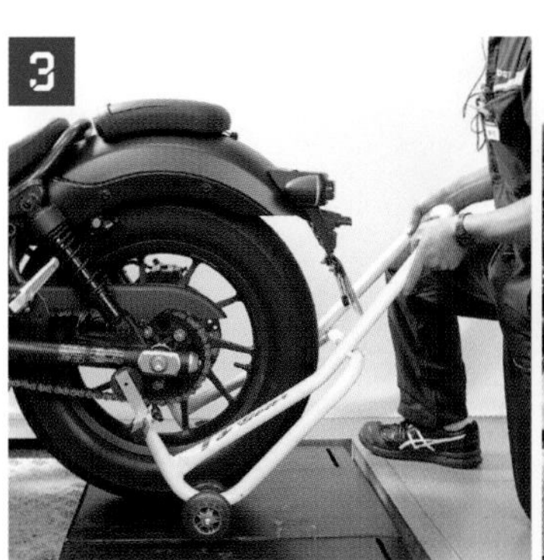

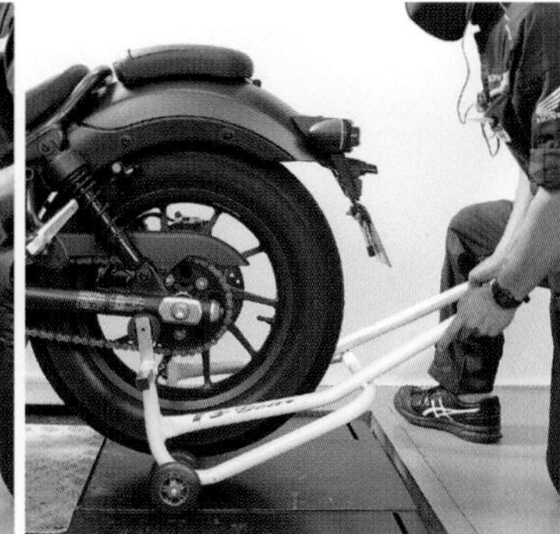

정비 스탠드를 건다

체인 드라이브를 정비할 때는 정비 스탠드를 사용하면 편리하다. 차체를 수직으로 만든 상태에서 받치는 부분을 스윙 암에 대고 스탠드를 세운다. 2명이 작업하는 것을 추천한다.

ADVICE

머플러 충돌에 주의하기

정비 스탠드의 받침대는 교체할 수 있으며 사용하는 차량에 따라 변경할 수 있다. 레블 250처럼 사일런서의 위치가 낮은 차량이라면 스윙 암의 접촉부와 스탠드 본체의 접촉부가 부딪혀서 일반적인 받침대로는 머플러와 본체가 충돌한다. 그래서 부딪히지 않는 받침대를 준비해야 한다.

사일런서의 밴드를 푼다

레블 250은 사일런서가 간섭해 토크 렌치를 사용할 수 없으므로 이를 빼야 한다. 먼저 밴드를 푼다.

스테이의 볼트를 뺀다

뒤쪽 너트를 풀고, 사일런서를 스테이에 고정하는 볼트를 뺀다.

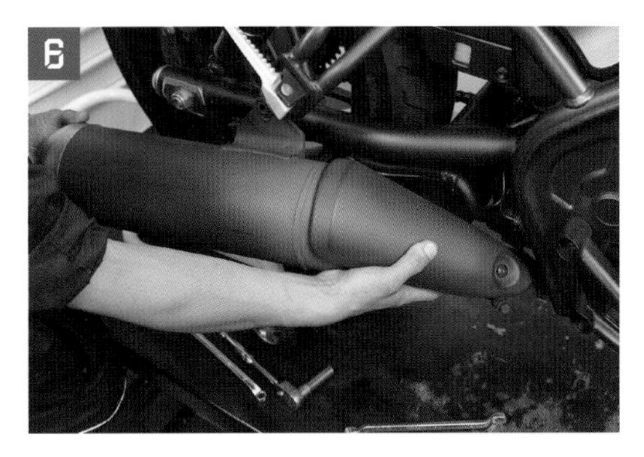

사일런서를 뽑는다

뒤를 당겨서 이그조스트 파이프로부터 사일런서를 뽑는다.

사일런서의 개스킷

사일런서의 이그조스트 파이프 접속부에는 원통형의 개스킷이 있다. 뺄 때 새 제품으로 교체한다.

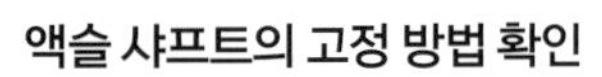

액슬 샤프트의 고정 방법 확인

체인 장력을 조절하려면 액슬 샤프트의 고정을 풀어야 한다. 차종에 따라 고정 방법이 다르므로 구조를 확인하고 필요한 공구를 정한다.

액슬 너트를 푼다

차체 왼쪽에서 14mm 육각 렌치로 액슬 샤프트를 잡고, 고정한 상태에서 오른쪽의 액슬 너트를 24mm 렌치로 푼다.

체인 어저스터의 구조

액슬 샤프트의 위치를 바꾸고 장력을 조절하는 체인 어저스터의 구조도 종류가 다양하다. 레블 250의 어저스터는 스윙 암 뒤쪽 끝에, 조절 위치의 기준이 되는 플레이트는 측면에 있다. 즉 분할 구조다. 조절은 이 플레이트와 스윙 암에 있는 선을 기준으로 실행한다.

어저스터의 록 너트를 푼다

5mm 육각 렌치로 어저스터를 고정하면서 17mm 렌치로 록 너트를 푼다.

어저스터로 장력을 조절한다

어저스터를 돌려서 체인 장력을 조절한다.

조절 상태를 확인한다

어저스터는 늘어지는 정도를 확인하면서 조금씩 돌린다. 너무 탄탄하게 조여도 큰 문제가 되기 때문이다.

반대쪽 어저스터를 조절한다

반대쪽 어저스터도 조절한 쪽과 같은 위치가 되도록 표시선을 기준으로 조절한다.

장력은 너무 없어도
큰 악영향을 미친다

록 너트를 조이고 어저스터를 고정한다

육각 렌치로 어저스터를 고정한 상태에서 록 너트를 꽉 조이고, 어저스터가 움직이지 않도록 주의한다.

액슬 너트를 조인다

액슬 샤프트가 돌지 않게 고정하고 액슬 너트를 조인다.

액슬 너트를 규정 토크로 조인다

토크 렌치를 사용해 액슬 너트를 조인다. 레블 250의 규정 조임 토크는 88N·m다.

POINT

장력을 다시 확인한다

액슬 너트를 조일 때, 액슬 샤프트가 아주 약간 뒤로 움직이며 장력이 줄어들 때가 있으므로 장력을 유심히 재확인한다. 이런 상황을 피하려면 너트를 조이기 전에 체인과 스프로킷 사이에 튼튼한 봉을 넣고 맞물리도록 휠을 회전시켜서 체인을 탄탄하게 편다. 그러면 액슬 샤프트가 뒤틀리지 않고 너트를 조일 수 있다.

사일런서를 붙인다

개스킷을 새 제품으로 교체한 사일런서를 이그조스트 파이프에 꽂고 밴드를 조인다. 스테이 부분을 볼트와 너트로 고정하면 작업이 종료된다.

브레이크 패드의 교체

디스크 브레이크의 소모 부품인 브레이크 패드를 어떤 순서로 교체하는지 설명한다.
중요한 부품이므로 확실하지 않은 상황에는 망설이지 말고 전문가에게 의뢰한다.

브레이크 패드의 종류

브레이크 패드는 제동력을 만드는 마찰재의 종류에 따라 성질이 달라진다. 자세히 분류하면 수가 상당히 많아지는데, 크게 나누면 두 종류로 나눌 수 있다. 마찰재를 수지로 굳힌 레진(오가닉) 패드와 금속 가루를 가열해 굳힌 메탈(신터드) 패드다. 전자는 일반적으로 조종성이 뛰어나고 가격이 저렴하지만 제동력은 무난하다. 후자는 제동력이 뛰어나서 빗속에서도 강한 성능을 발휘하지만 조종성이 떨어지며 가격도 비싸다는 점이 있다.

레진

금속 가루, 섬유 가루를 수지로 굳혀서 마찰재로 만든 것이며 오가닉, 세미 메탈이라고 부르기도 한다.

패드를 교체하면
제동력 향상도 기대할 수 있다

메탈

제동력이 뛰어나며 빗속에서도 강하다는 장점이 있지만, 브레이크 디스크를 향한 공격성이 높다.

POINT

브레이크 디스크를 향한 공격성

디스크 브레이크는 브레이크 패드가 브레이크 디스크를 누를 때 발생하는 마찰로 제동력을 얻는다. 마찰력이 높아질수록 제동력도 높아지는데, 마찰력이 높다는 것은 깎는 힘도 강하다는 뜻이다. 따라서 브레이크 디스크를 깎는 힘, 즉 공격성도 높아지는 경향이 있다.

브레이크 패드의 교체 방법

교체 작업은 브레이크 패드를 바꾸는 것뿐만 아니라 더러워진 브레이크 캘리퍼를 청소하는 작업도 포함한다.

프런트

브레이크 캘리퍼의 구조를 확인한다

브레이크 캘리퍼의 구조에 따라 작업이 조금씩 달라진다. 모델 차량인 레블 250은 핀 슬라이드식을 채용했다.

캘리퍼 고정 볼트를 푼다

브레이크 캘리퍼를 프런트 포크에 고정하는 볼트를 12mm 렌치로 푼다. (완전히 풀지는 않음)

패드 핀을 푼다

패드 핀을 5mm 육각 렌치로 푼다. 단단히 조여 있는 경우가 많으므로 캘리퍼를 벗기고 작업하면 안 된다.

POINT

호스 클램프가 있다면

브레이크 호스는 클램프로 프런트 포크에 고정하곤 한다. 그대로 붙어 있는 상태에서는 캘리퍼를 뺄 수 없으므로 미리 고정 볼트를 빼고, 클램프를 프런트 포크에서 벗긴 뒤 호스를 자유로운 상태로 만들어야 한다.

볼트를 빼고 캘리퍼를 벗긴다

패드 핀을 풀면 고정 볼트를 빼고, 브레이크 캘리퍼를 브레이크 디스크에서 뽑는 형태로 차체에서 분리한다.

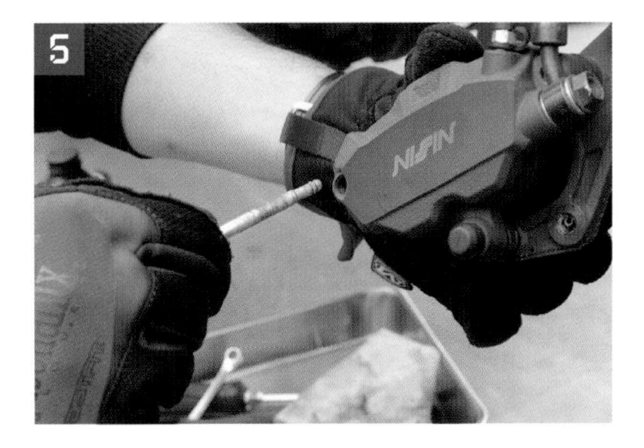

패드 핀을 뽑는다

브레이크 캘리퍼를 벗긴 뒤에는 풀어둔 패드 핀을 뽑는다.

브레이크 패드를 뺀다

패드 핀을 뽑으면 브레이크 패드를 뺄 수 있다. 패드 핀이 여러 개일 수도 있다.

브래킷을 뺀다

캘리퍼에서 브래킷을 뺀다. 작동축이 되는 슬라이드 핀으로 연결돼 있으므로 가볍게 당기면 빠진다.

캘리퍼를 청소한다

캘리퍼는 마찰재의 찌꺼기가 붙어 있다. 중성 세제를 섞은 물과 나일론 브러시로 씻는다. 피스톤은 보이지 않는 뒤쪽 부분을 포함해 모두 씻는다.

부츠 안에 실리콘 스프레이를 뿌린다

캘리퍼에 있는 슬라이드 핀이 들어가는 구멍에 윤활용 실리콘 스프레이를 뿌린다.

브래킷 쪽 구멍에 실리콘 그리스를 바른다

브래킷 쪽에 있는 슬라이드 피스톤용 구멍의 부츠 내부에 실리콘 그리스를 넣는다.

브래킷을 붙인다

그리스를 바른 구멍에 슬라이드 핀을 꽂고 캘리퍼에 브래킷을 붙인다.

패드 핀을 청소한다

패드 핀도 오염물이 묻어 있으므로 황동 브러시로 청소한다.

POINT

피스톤 툴은 청소할 때도 편리하다

캘리퍼용 피스톤 툴은 피스톤을 넣고 뺄 수 있을 뿐만 아니라 회전시킬 수도 있다. 그대로는 씻기 어려운 피스톤 뒤쪽도 돌려서 간단히 청소할 수 있다. 비교적 저렴하기에 브레이크 정비를 한다면 갖춰도 좋은 공구다.

피스톤을 꽂는다

브레이크 패드가 얇아진 만큼 피스톤이 튀어나온다. 이대로는 새 패드를 부착할 수 없으므로 피스톤 툴로 돌리고 누르면서 피스톤을 안쪽까지 누른다.

새 브레이크 패드를 끼운다

캘리퍼에 브레이크 패드를 끼운다. 레블 250의 경우, 패드에 있는 돌기를 캘리퍼와 브래킷에 있는 홈에 넣어서 맞춘다.

패드 핀을 꽂는다

패드 핀을 꽂아서 브레이크 캘리퍼와 브레이크 패드를 고정한다.

연결 상태를 확인한다

올바르게 연결됐는지 확인한다. 문제가 없다면 이 상태에서 패드를 꺼내려고 해도 움직이지 않는다.

캘리퍼를 차체에 붙인다

패드 사이에 브레이크 디스크를 넣으면서 캘리퍼를 차체에 붙인다.

볼트를 규정 토크까지 조인다

캘리퍼의 고정 볼트, 패드 핀을 규정 토크까지 조인다. 드물게 고정 볼트의 위아래가 다를 수도 있으므로 주의한다.

브레이크 레버를 쥐고 피스톤을 작동시킨다

캘리퍼의 피스톤을 막 되돌린 상태에서는 브레이크가 전혀 듣지 않는다. 작업 마지막에는 반드시 레버를 쥔 느낌이 딱딱해진다.(처음에는 끝까지 저항 없이 쥘 수 있음) 브레이크가 들을 때까지 브레이크 레버를 여러 번 쥔다.

POINT

작업 후의 확인이 중요하다

새 제품으로 교체하는 작업이 끝나면 당장이라도 타고 싶어진다. 그러나 안전을 위해 반드시 작업한 부분이 정상적으로 작동하는지 확인해야 한다. 이는 초심자뿐 아니라 베테랑에게도 해당한다. 사소한 실수는 누구나 할 수 있기 때문이다.

리어

프런트와 리어는 구조가 다르다

처음 상태를 확인한다

리어 캘리퍼의 패드를 교체한다. 대부분 프런트와 다르므로 다시 구조를 확인하고 패드 외에 문제가 있는 부분은 없는지 점검한다.

패드 핀을 푼다

단단한 경우가 있으므로 캘리퍼가 달린 상태에서 패드 핀을 푼다. 프런트와 달리 8mm 렌치를 사용한다.

고정 볼트를 푼다

캘리퍼 고정 볼트 2개를 푼다. 앞쪽은 14mm, 뒤쪽은 12mm 렌치를 사용한다.

엉뚱한 볼트를
작업하지 않기

고정 볼트는 슬라이드 핀 겸용이다

고정 볼트는 캘리퍼가 좌우로 움직이는 데 필요한 슬라이드 핀의 움직임도 담당한다. 따라서 나사산은 끝 부분에만 있다.

브레이크 캘리퍼를 뺀다

볼트 2개를 빼면 자유로워지므로 위로 움직여서 캘리퍼를 차체(브레이크 디스크)에서 뺀다.

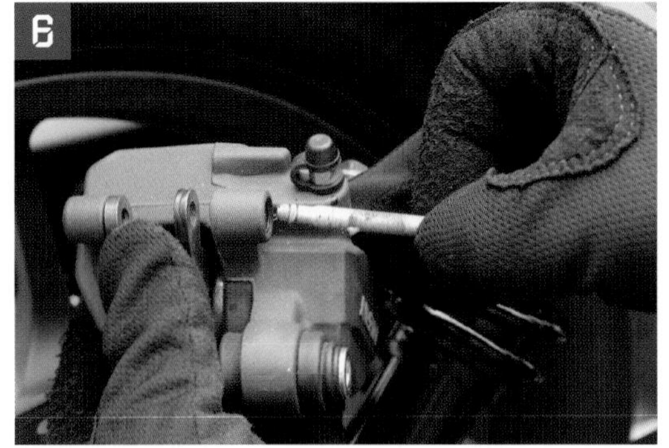

패드 핀을 뽑는다

패드 핀을 뽑는다. 지금보다 이전 단계에서 뽑으면 캘리퍼를 뺄 때 브레이크 패드가 빠지고 만다.

브레이크 패드를 뺀다

낡은 브레이크 패드를 캘리퍼에서 뺀다.

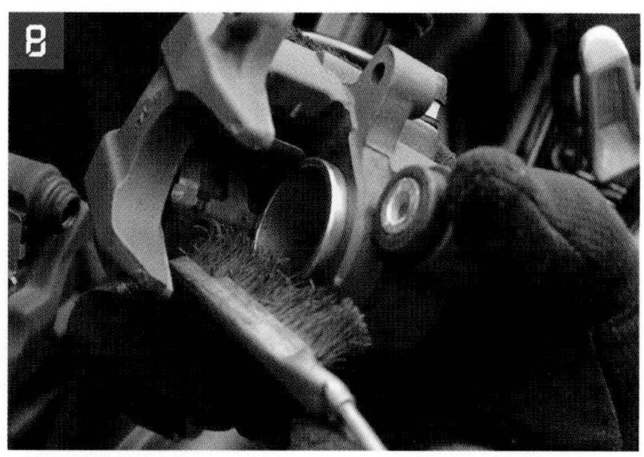

캘리퍼를 청소한다

중성 세제를 섞은 물로 캘리퍼를 청소한다. 특히 피스톤은 깨끗하게 청소해야 한다.

피스톤을 다시 넣는다

튀어나온 피스톤을 캘리퍼에 넣는다. 이때 캘리퍼의 면과 같은 높이가 될 때까지 넣는다.

브래킷에 그리스를 바른다

캘리퍼 브래킷의 앞쪽 볼트 구멍에는 부츠가 있다. 그 안에 그리스를 넣는다.

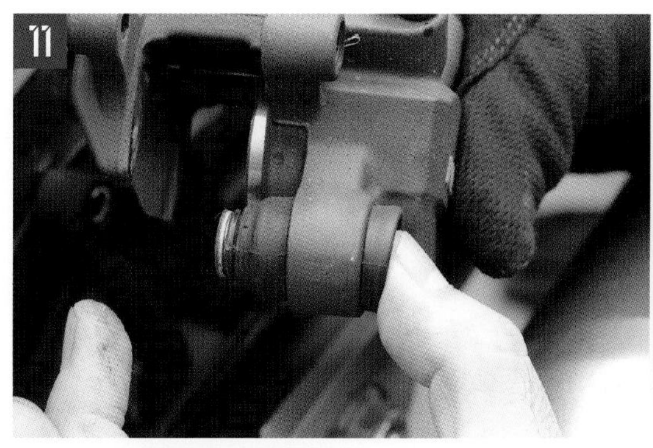

슬리브의 움직임을 확인한다

캘리퍼 뒤쪽의 볼트 구멍에는 슬리브가 달려 있다. 이것이 좌우로 부드럽게 움직이는지 확인한다. 움직임이 뻑뻑하다면 슬리브를 청소하고 실리콘 그리스를 바른다.

브레이크 패드를 붙인다

새 브레이크 패드를 올바른 방향으로 캘리퍼에 부착한다. 브레이크 패드는 오른쪽 사진 처럼 앞쪽 돌기가 브래킷에 딱 맞게 들어가도록 고정한다. 캘리퍼를 부착할 때 참고한다.

패드 핀을 꽂는다

청소를 끝낸 패드 핀을 꽂고, 패드 뒷부분을 캘리퍼에 고정한다.

캘리퍼를 붙인다

디스크를 패드 사이에 넣으면서 캘리퍼를 차체에 붙이고 볼트로 고정한다.

각 볼트를 규정 토크로 조인다

고정 볼트, 패드 핀을 규정 토크로 조이고 단단하게 고정한다.

페달을 조작해 피스톤을 작동시킨다

브레이크 페달을 여러 번 밟아서 캘리퍼의 피스톤을 밀어낸다.

브레이크 플루이드의 교체

브레이크 플루이드는 디스크 브레이크의 소모품 중 하나다. 사용 빈도와 기간에 따라 열화하므로 정기적인 교체가 필수다.

브레이크 플루이드의 기초 지식

디스크 브레이크는 유압 작용으로 브레이크 캘리퍼의 피스톤을 움직여 제동력을 발생시킨다. 브레이크에서 기름 역할을 하는 것이 브레이크 플루이드다. 브레이크는 제동력을 발생시킬 때 마찰 때문에 열이 발생한다. 브레이크 플루이드는 그 열을 견디면서 힘을 효율적으로 전달한다. 다만 이를 실현하는 데 사용되는 성분은 습기를 잘 빨아들이기 때문에 시간이 지나면 열화한다. 또한 강력한 브레이크를 빈번히 사용하는 격한 상황에 플루이드가 노출돼도 열화한다. 지난 교체 이후로 2년이 지났다면 점검창에서 확인하고 탁한 상황이라면 교체한다.

브레이크 플루이드에는 DOT라는 규격이 있다. DOT3, 4, 5, 5.1이 있으며 기본적으로 숫자가 클수록 성능이 높은데 DOT5만 주성분이 다르다. 리저버 탱크에 사용하는 브레이크 플루이드가 있으므로 준비하기 전에 반드시 확인한다.

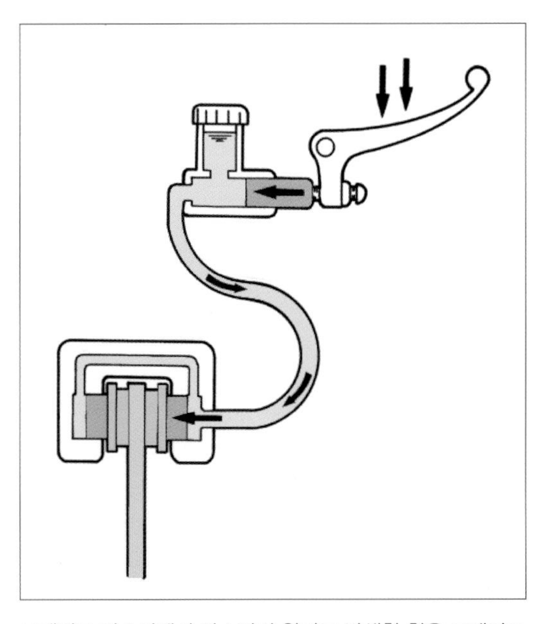

브레이크 마스터에서 파스칼의 원리로 발생한 힘을 브레이크 플루이드를 이용해 브레이크 디스크로 전달한다.

대개 액체 색깔이 투명하지만
갈색인 제품도 있다

브레이크 플루이드의 교체 방법

기본을 지키면 어렵지 않은 작업이다. 다만 중요한 작업이기 때문에 조금이라도 불안하다 싶으면 망설이지 말고 전문가에게 작업을 맡겨야 한다.

리저버 탱크의 나사를 푼다

프런트부터 작업한다. 마스터 실린더에 있는 리저버 탱크의 뚜껑을 고정하는 십자 나사를 푼다. 의외로 단단하게 조여 있는 경우가 많으므로 크기가 맞는 드라이버를 사용해 누르는 힘 7, 돌리는 힘 3의 비율로 푼다.

리저버 탱크의 뚜껑을 연다

나사를 푼 뒤에는 탱크 뚜껑을 연다. 들기만 하면 되지만 딱 붙어서 잘 열리지 않을 수도 있다.

다이어프램 플레이트를 뺀다

뚜껑 아래에는 수지로 만든 다이어프램 플레이트가 있으므로 이를 들어 올려서 뺀다.

POINT

브레이크 플루이드가 튀지 않게 조심하기

브레이크 플루이드는 페인트칠이나 코팅이 된 표면을 훼손할 수 있는 액체다. 교체 작업을 할 때 갑자기 플루이드가 튀는 일이 있으므로 리저버 탱크의 뚜껑을 열 때는 주변을 걸레로 덮는다. 튀어서 묻었다면 탱크 안에 들어가지 않도록 주의하며 물과 파트 클리너로 청소한다.

십자 나사를
훼손하지 않도록 주의한다

다이어프램을 빼기

리저버 탱크를 막듯이 붙어 있는 고무 재질의 다이어프램을 뺀다.

브레이크 플루이드의 양을 확인하기

결국 현재 채워진 플루이드의 높이만큼 채워야 하므로 양을 확인한다.

오래된 브레이크 플루이드를 빨아들인다

탱크 안의 플루이드를 최대한 빨아들인다. 액체를 다 보충할 때까지 브레이크 레버를 잡으면 안 된다.

새 브레이크 플루이드를 넣는다

탱크 안에 새 브레이크 플루이드를 넣는다. 많이 넣어야 하지만 아슬아슬하게 넣으면 넘칠 수 있으니 적당히 넣자.

브리더 캡을 빼고 호스를 연결한다

브레이크 캘리퍼의 브리더 스크류에 달린 고무 브리더 캡을 뺀다. 브리더 스크류와 같은 지름의 호스를 꽂고, 호스의 반대쪽에는 액체를 받을 용기를 둔다.

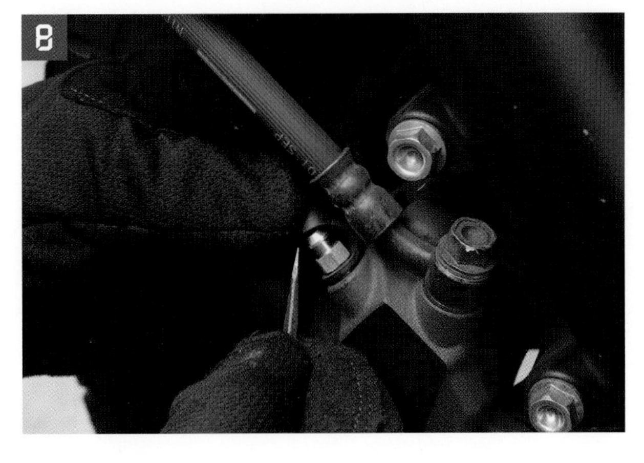

브레이크 레버를 쥔다

브레이크 레버를 최대한 쥐고, 그 상태를 유지한다.

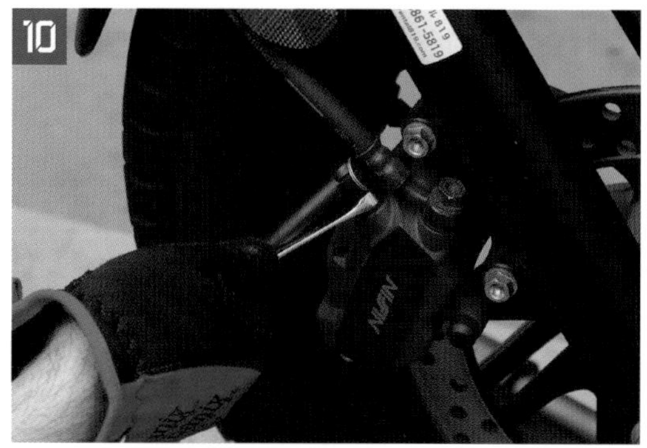

브레이크 플루이드를 배출한다

브리더 스크류를 8mm 렌치로 풀면 플루이드가 나온다. 배출이 멈추면 스크류를 조인다.

POINT

브레이크 레버를 놓는 타이밍에 주의하기

브리더 스크류를 푼 상태에서 브레이크 레버를 놓으면 브레이크 통로 안으로 공기가 들어가며, 제동 성능을 정상적으로 발휘할 수 없다. 그러니 주의하며 작업한다. 리저버 탱크 안이 비지 않도록 플루이드를 추가하면서 스크류에 부착한 호스로 새 브레이크 플루이드가 나올 때까지 9번과 10번 작업을 반복한다.

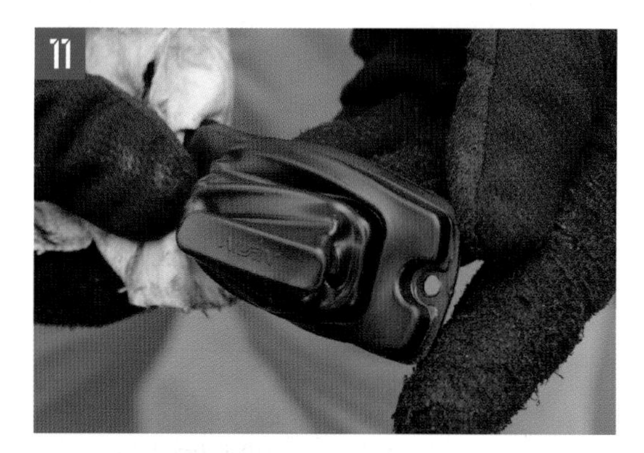

다이어프램을 올바른 형태로 되돌린다

다이어프램은 브레이크 패드가 줄고 탱크 안의 액면이 내려가면 중심부가 튀어나오므로 평평한 상태로 만든다.

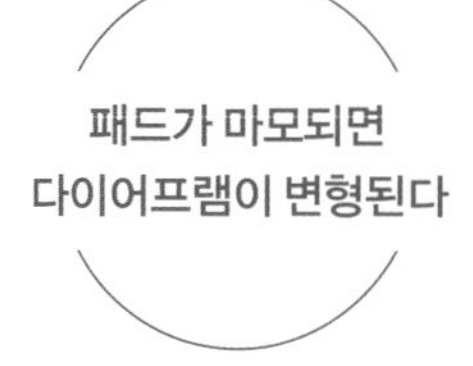

다이어프램 및 뚜껑의 오염물을 제거한다

다이어프램 및 다이어프램 플레이트, 뚜껑에 묻은 오래된 플루이드와 오염물을 제거한다.

POINT

플루이드를 무작정 보충하지 않는다

점검창에 보이는 브레이크 플루이드가 바닥을 향하면 보충해야 한다는 생각이 들 수 있다. 그러나 이는 브레이크 패드가 마모됐거나 어딘가에 누수가 발생했다는 신호다. 무작정 보충하지 말고 브레이크 패드와 브레이크 시스템을 점검한다.

브레이크 플루이드를 넣는다

리저버 탱크를 수평으로 두고 가장 처음에 넣은 양(브레이크 패드도 새 제품으로 교체한 경우에는 어퍼 라인까지)만큼 브레이크 플루이드를 넣는다.

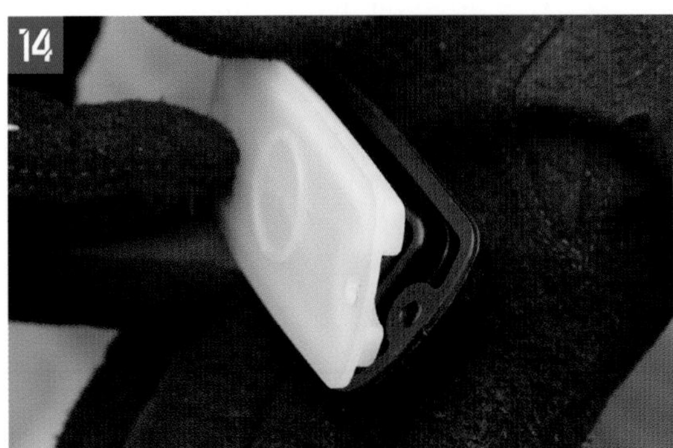

다이어프램과 다이어프램 플레이트를 원래대로 넣는다

플레이트 돌기를 다이어프램의 홈에 맞춰서 조립한 뒤, 이를 리저버 탱크에 붙인다.

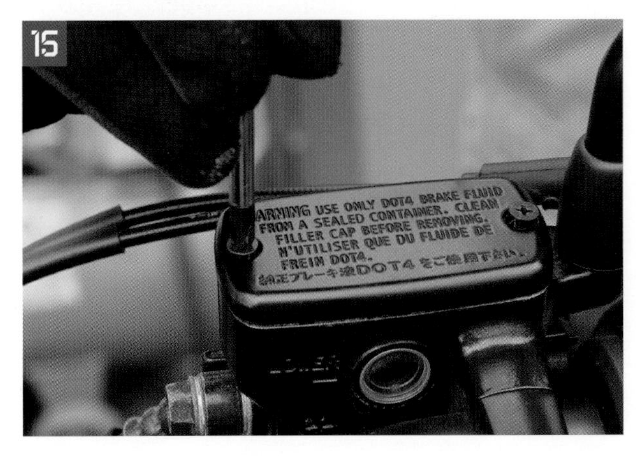

POINT

뚜껑을 닫으면 주변을 청소한다

브레이크 플루이드를 교체하는 작업을 할 때, 생각하지 못한 곳에 묻을 수가 있다. 흘리지 않았다고 생각하더라도 물이나 파트 클리너로 작업한 부분의 주변을 청소해 두면 예상치 못한 도장 손상을 막을 수 있다.

뚜껑을 닫는다

뚜껑을 붙이고 나사를 조여서 확실하게 밀폐한다.

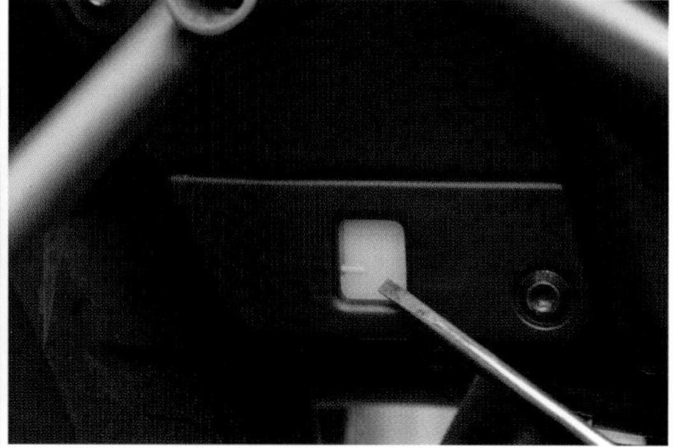

리어 리저버 탱크

모델 차량인 레블 250을 비롯해 많은 차량에서 리어 리저버 탱크는 반투명한 수지로 만든 별체식이며, 마스터 실린더와 호스로 연결된다. 이 위치를 확인해 둔다.

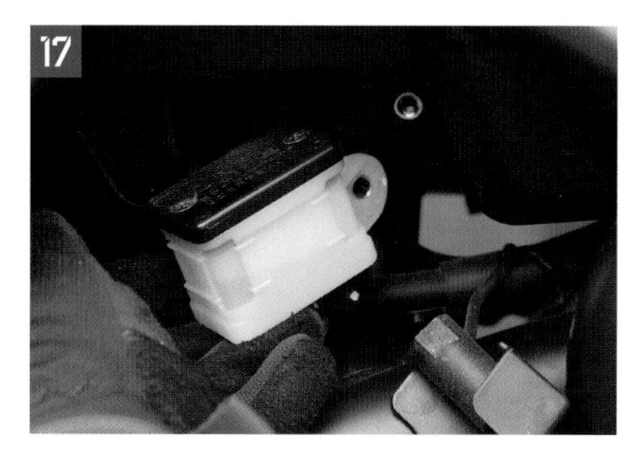

리저버 탱크의 커버를 벗긴다

점검창 전방에 있는 볼트를 5mm 육각 렌치로 푼 뒤에 검은색 커버를 벗기고, 탱크를 노출한다.

뚜껑의 고정 나사를 푼다

커버의 고정 볼트를 풀고, 탱크를 살짝 앞으로 빼낸다. 그다음 뚜껑의 십자 나사 2개를 푼다.

POINT

다른 방식으로 고정된 뚜껑도 있다

리저버 탱크의 뚜껑은 나사로 고정하는 방식 외에도 다른 방식이 있다. 주행 중에 돌아가지 않도록 회전을 방지하는 플레이트가 측면에 부착되기도 한다. 이 경우에는 고정 나사를 뽑고 플레이트를 뺀다.

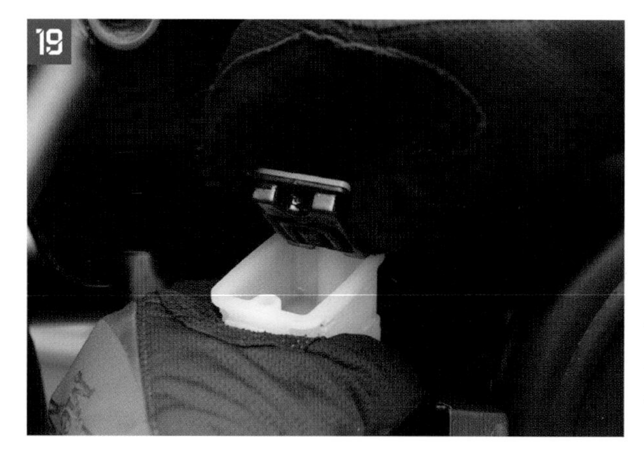

뚜껑과 다이어프램을 벗긴다

뚜껑, 다이어프램 플레이트, 다이어프램 등을 벗긴다. 그리고 낡은 플루이드를 뽑아낸 뒤에 새 플루이드를 넣는다.

브레이크 페달을 누른다

브레이크 페달을 최대한 누른다. 이러면 브레이크 호스에 남은 오래된 플루이드가 배출된다.

캘리퍼에서 플루이드를 배출한다

페달을 누른 상태에서 브리더 스크류를 푼 다음에 곧바로 조여서 플루이드를 배출한다.

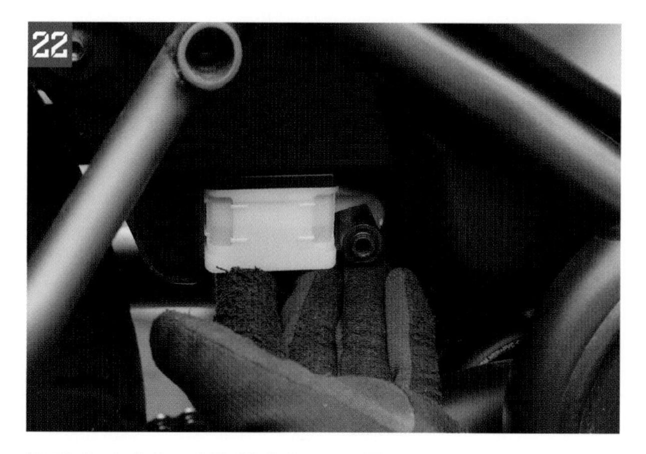

뚜껑과 다이어프램을 원래대로 조립한다

20번과 21번 작업을 반복해서 브레이크 플루이드를 교체했다면, 처음 있던 양만큼 플루이드를 추가하고 청소한 뚜껑, 다이어프램 플레이트, 다이어프램을 조립한다.

POINT

공기가 들어가면 공기 빼기를 한다

브레이크에 공기가 들어가면 레버와 페달을 조작할 때 체감이 가벼워진다. 이 경우에는 체감이 묵직해질 때까지 반복적으로 레버와 페달을 조작하고, 호스에서 배출되는 플루이드에 거품이 없어질 때까지 배출할 때와 같은 작업을 반복한다.

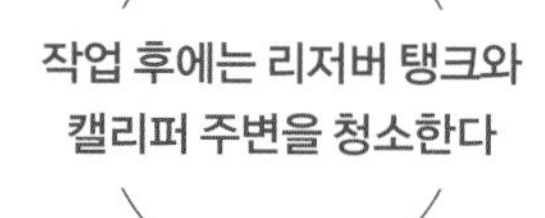

리저버 탱크를 원래대로 조립한다

리저버 탱크와 커버를 원래대로 조립한다.

타이어

대표적인 소모품인 타이어는 자주 교체하는 편이다. 타이어 선택은 무엇보다 중요하기 때문에 기초 지식을 확실히 익히는 것이 중요하다.

타이어 크기

타이어 크기는 주행 성능에 크게 영향을 주며, 제조사가 정한 크기를 지키는 것은 모터바이크의 성능을 제대로 발휘하는 데 아주 중요하다. 타이어 크기는 휠과 접합부(림)의 지름과 폭, 옆에서 봤을 때의 두께(폭에 대한 비율)에 해당하는 편평률로 표기한다. 물리적인 크기에 더해 구조에 따른 표기도 있으며, 이를 차량에 맞게 갖춰야 한다. 자세한 내용은 아래에 정리해 놓았으니 각각의 의미를 확인해 보자.

레이디얼 메트릭 표시

120 / 70 R 17 M/C 58 H

① ② ③ ④ ⑨ ⑤ ⑥

바이어스 메트릭 표시

120 / 70 - 17 M/C 58 H

① ② ④ ⑨ ⑤ ⑥

바이어스 인치 표시

3.00 / 21 4PR

⑦ ④ ⑧

① 타이어 폭(mm) ② 편평률 ③ 레이디얼 구조 ④ 림 지름 ⑤ 로드 인덱스(버틸 수 있는 최대 부하 능력) ⑥ 속도 기호(대응하는 최고 속도이며 알파벳이 뒤로 갈수록 높다.) ⑦ 타이어 폭(인치) ⑧ 타이어 강도(플라이 레이팅) ⑨ 모터바이크용 타이어 표시

바이어스 구조와 레이디얼 구조

타이어는 고무 내부에 골격에 해당하는 카커스가 있다. 카커스를 구성하는 섬유(다양한 소재로 만듦)의 회전 방향에 대한 각도를 기준으로 분류하며, 타이어 특징도 이것에 크게 좌우된다. 각도가 대각선인 것이 바이어스 구조이며, 뒤틀림을 방지하려고 여러 카커스를 사용하는 브레이커로 조인다. 레이디얼 구조는 각도가 수직이며, 카커스는 하나뿐이고 이를 벨트로 조인다.

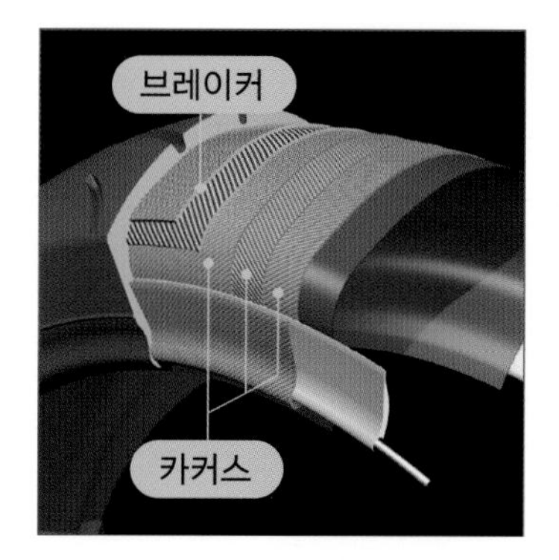

바이어스 타이어의 구조

레이디얼 타이어의 구조

ADVICE

바이어스인가, 레이디얼인가?

레이디얼 타이어는 조종성과 안정성이 뛰어날 뿐 아니라 내마모성 및 연비성도 뛰어나며 무게도 가벼워서 주로 스포츠카용으로 사용된다. 반면에 바이어스 타이어는 구조상 카커스를 여러 개 사용해야 하므로 레이디얼보다 무겁지만, 그 구조 덕분에 저속 상태에서 승차감이 좋고 비용 대비 퍼포먼스가 뛰어나다. 이런 이유로 소·중형 배기 차량에 적합하며, 사이드 월 강성이 높아서 중량이 있는 크루저에도 잘 쓰인다.

타이어 선택

카테고리가 같아도 타이어 제조사나 모델에 따라 특징이 다양하며, 신제품도 계속 나온다. 따라서 타이어 정보가 모이는 이륜 용품점이나 타이어 가게에 발품을 팔고 정보를 잘 아는 직원과 상담하면 자신에게 적합한 타이어를 선택할 수 있다.

튜브 타이어와 튜브리스 타이어

타이어는 휠 사이에 공기를 넣어 사용하는 것이 전제다. 공기를 보존하기 위해 타이어와 별개로 튜브를 사용하는 튜브 타이어, 타이어와 휠을 밀폐해 튜브를 사용하지 않는 튜브리스 타이어가 있다. 튜브의 사용 여부는 타이어에 따라 다르기도 하지만 주로 휠이 결정한다. 스포크 타이어 대다수는 스포크 구멍에서 공기가 새기 때문에 튜브리스 타이어를 사용할 수 없다. 다만 대응하지 않는 휠에 튜브를 사용해 튜브리스 타이어를 장착할 수 있다.

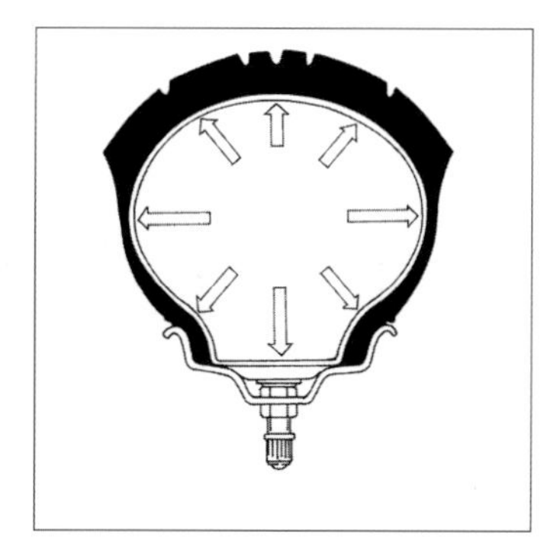

튜브 타이어

주로 스포크 휠을 쓰는 모터바이크에 사용한다. 타이어와 휠 사이에 버블이 달린 튜브가 들어가는 타이어다. 튜브도 열화하므로 타이어를 교체할 때 함께 교체하면 좋다.

튜브리스 타이어

타이어 테두리에 있는 비드(비드 와이어)가 휠의 림에 밀착하므로 튜브를 사용하지 않는 타이어다. 튜브리스 밸브가 열화하면 공기가 새서 터지므로 타이어 교체를 할 때는 밸브도 동시에 교체하는 것을 검토한다.

타이어 주변의 정비

타이어 상태가 불량하면 주행 성능은 물론이며 안전성도 크게 떨어진다.
꾸준히 정비해서 좋은 상태를 유지해야 한다.

타이어 점검

타이어는 탈 때마다 마모되며 공기압도 서서히 떨어진다. 열화를 깨닫기 어렵기에 정기적이고 꾸준한 점검을 해야 한다.

표면 상태를 확인한다

접지면과 사이드 월에 이물질이나 손상, 균열이 없는지 전체적으로 확인한다.

홈 깊이를 확인한다

홈 깊이가 적절한지 확인한다. 사이드 월에는 표식이 있으며, 표식의 연장선에 있는 홈에는 웨어 인디케이터가 있다. 마모로 인해 표면에 노출되면서 홈을 분단하면 타이어 수명이 다했다는 뜻이다.

3

고무 경화를 확인한다

타이어 고무는 시간이 지나면 딱딱해지며 원래 성능을 낼 수 없다. 특히 언제 교체했는지 알 수 없는 타이어는 유연성도 확인해야 한다. 사이드 월에 있는 제조 연월을 확인하는 방법도 좋다.

사이드 월에 있는 제조 일자 표시

HA7M 19 21

① ② ③

고무가 딱딱한 정도는 타이어마다 달라서 타이어 수명을 판단하는 일은 제조 일자 표시를 기준으로 삼는 편이 확실하다. 처음 보면 확인하기가 어려워 보이지만 표기 방법은 의외로 간단하다. 특히 제조 연도에 주의한다.

① 관리 번호
영어와 숫자가 나열된 앞쪽에는 각 타이어 제조사의 관리 번호가 있다. 타이어가 제조된 연도와 주차는 뒤의 숫자 네 자리를 확인한다.

② 제조 주차
그 해의 19주 차에 만들어졌다는 것을 의미한다. 19주 차는 5월 초에 만들어졌다는 뜻이다.

③ 제조 연도
21이라고 적힌 것은 2021년을 뜻한다. 제조 연도가 현 기준으로 5년 전이면 정비소를 방문해 점검해야 한다.

4

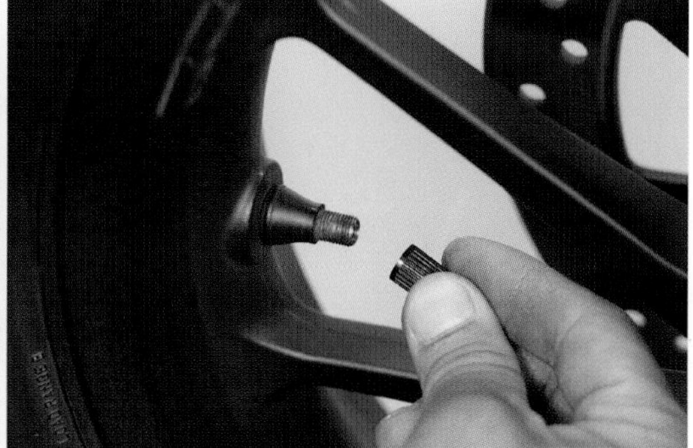

밸브 캡을 뺀다

타이어 공기압을 점검하기 위해서 밸브 캡을 뺀다. 캡은 먼지와 수분의 침입을 막으며 밸브를 보호하기 때문에 점검 후에는 반드시 끼우고, 분실했다면 새 제품을 준비해 끼운다.

공기압을 측정하고 적정 수치로 만든다

공기압은 타이어가 식은 상태에서 측정한다. 공기압계의 입구를 공기가 새지 않도록 밸브와 수직으로 맞춘다. 공기압은 사용 설명서의 규정 수치로 맞춘다.

리어의 공기압도 점검한다

리어도 마찬가지로 조절한다. 프런트와 다른 부분이 많아서 규정 수치를 착각하지 않도록 주의한다.

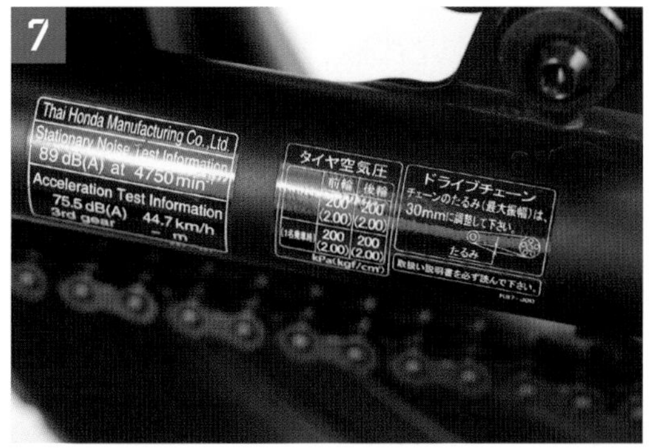

승차 인원수에 따른 차이를 확인한다

지정된 공기압은 승차 인원수에 따라 달라질 수 있다.

ADVICE

타이어 공기압

주행 중에 타이어가 휘는 정도는 타이어 구조와 공기압에 따라 크게 달라지며, 이는 주행 성능에도 큰 영향을 미친다. 특히 정도가 너무 작으면 타이어가 물결처럼 변형하는 스탠딩 웨이브 현상이 일어나고, 최악에는 타이어가 터질 수 있으므로 위험하다.

따라서 공기압은 앞서 말했듯이 사용 설명서의 규정 수치로 맞추는 것이 기본이다. 하지만 주행 환경에 따라 조절하는 것을 추천하기도 한다. 예를 들어 서킷을 달린다고 한다면 격한 주행으로 타이어 안의 공기가 열을 받아서 팽창하고, 공기압이 높아진다. 이는 일반 도로를 주행하는 상황에서 일어날 수 있지만, 그 비율은 서킷보다 높지 않다. 그래서 팽창되는 수준을 고려해 순정 상태보다 낮은 공기압으로 맞추면 팽창할 때 적절한 공기압이 된다.

튜브리스 타이어의 펑크 수리

튜브리스 타이어에 못이 박혀서 펑크가 생겼다면 타이어를 빼지 않고도 수리할 수 있다.

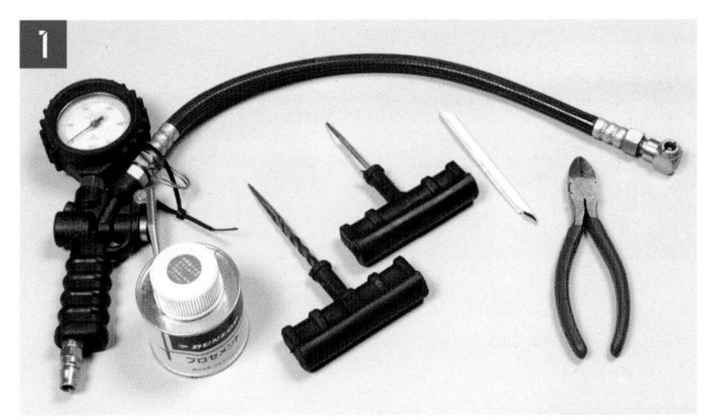

펑크 수리 키트를 준비한다

튜브리스 타이어용 수리 키트를 준비한다. 그립 및 플러그의 모양은 키트마다 다르다. 별도로 니퍼도 준비한다.

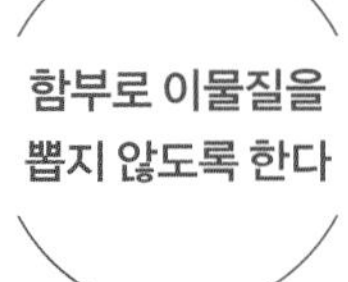

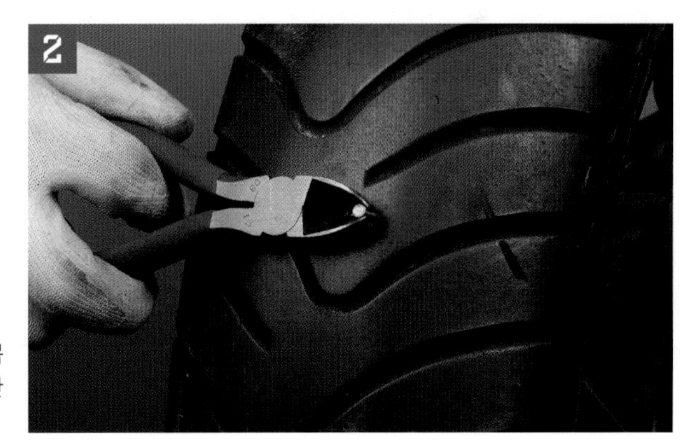

타이어에 꽂힌 이물질을 뽑는다

니퍼를 이용해 이물질을 뽑는다. 대부분 이물질은 뽑지 않으면 공기가 빠지지 않으므로 외출하다 발견한 때에는 함부로 뽑지 않는다.

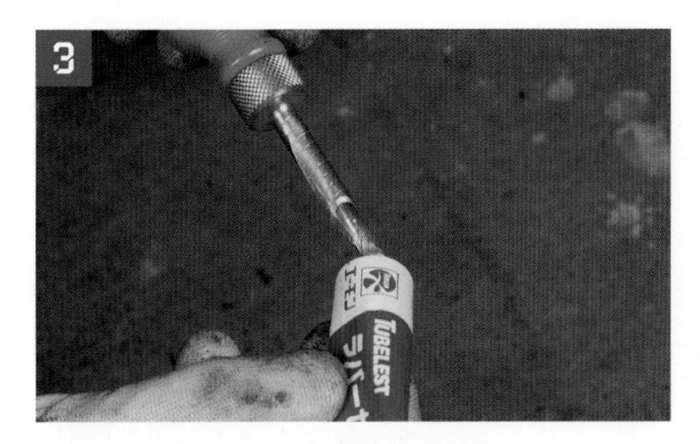

가이드 파이프에 러버 시멘트를 바른다

바늘을 꽂은 가이드 파이프에 수리 키트에 있는 러버 시멘트를 바른다.

가이드 파이프를 꽂는다

이물질이 꽂혀 있던 구멍에 그립을 부착한 가이드 파이프를 꽂는다.

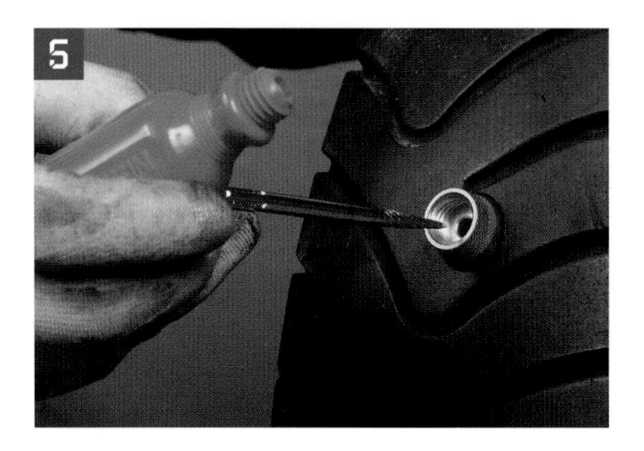

바늘과 그립을 뽑는다

가이드 파이프는 그대로 두고 그립과 바늘을 뽑는다.

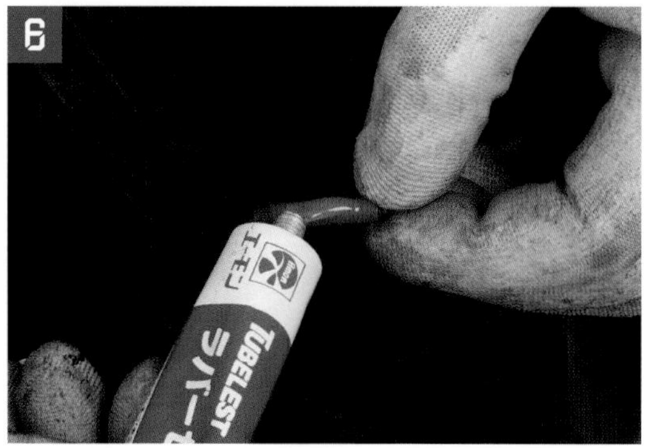

플러그에 러버 시멘트를 바른다

수리 키트에 있는 플러그에 러버 시멘트를 바른다.

가이드 파이프에 플러그를 꽂는다

가이드 파이프의 구멍에 플러그를 꽂는다.

POINT

플러그 모양은 여러 가지가 있다

여기서 사용한 플러그는 짧은 원통형이지만 키트에 따라서 끈 모양이나 길쭉한 판 모양도 있다. 이런 모양일 때는 가이드 파이프를 쓰지 않고 리머로 구멍을 벌리고, 리머와 전용 공구로 러버 시멘트를 묻힌 플러그를 삽입한다.

플러그를 가이드 파이프의 안쪽까지 밀어 넣는다

키트의 그립을 사용해 가이드 파이프의 안쪽까지 플러그를 밀어 넣는다.

가이드 파이프를 뺀다

가이드 파이프를 빼면 타이어에 플러그가 남는다.

POINT

에어 봄베 활용하기

펑크를 수리한 뒤에는 공기를 넣는데, 휴대용이라도 공기 주입기는 크기가 커서 가지고 다니기가 어렵다. 그래서 추천하는 것이 수리용 에어 봄베다. 전용 조인트가 필요하지만, 봄베 몇 개만 있으면 간편하게 충분한 공기압을 넣을 수 있다.

적정 압력까지 공기를 넣는다

플러그의 튀어나온 부분을 자른다

꽂은 플러그의 튀어나온 부분을 자른 뒤에 규정 공기압까지 공기를 넣고, 수리한 부분에서 공기가 새지 않는지 확인한다.

ADVICE

튜브 타이어의 펑크 수리

튜브리스 타이어의 펑크 수리 방법을 설명했는데, 튜브 타이어의 펑크 수리는 어떨까? 결론부터 말하면 수리하기가 상당히 어렵다.

순서는 이렇다. 먼저 휠을 뺀 이후에 타이어의 한 쪽 면을 림에서 빼고 내부 튜브를 꺼낸다. 그리고 튜브에 있는 구멍 위치를 찾고, 패치를 붙인 뒤에 튜브와 타이어를 원래대로 되돌린다. 이후에 휠을 차체에 다시 붙인다.

휠 탈착도 그렇지만 타이어 탈착은 전용 공구가 필요한 데다 경험도 필요하다. 따라서 모터바이크 전문 정비소가 아니라면 튜브리스 타이어 수리는 해도 튜브 타이어 수리는 거절하는 경우가 있다. 직접 도전하고 싶다면 경험자와 충분히 이야기를 나눈 후에 해야 한다.

스포크의 장력 조절

스포크가 늘어지면서 휠이 찌그러질 수 있다. 조절 작업은 할 수 있지만 어려워서 정비사에게 맡기는 것도 좋다.

스포크의 장력 점검(1)

쥐듯이 스포크를 옆에서 누른다. 다른 스포크보다 많이 휘는 경우, 느슨하게 풀면 판단할 수 있다.

스포크의 장력 점검(2)

금속 봉으로 스포크를 가볍게 두드린다. 늘어졌다면 둔탁한 소리가 나지만 이를 판단하려면 경험이 필요하다.

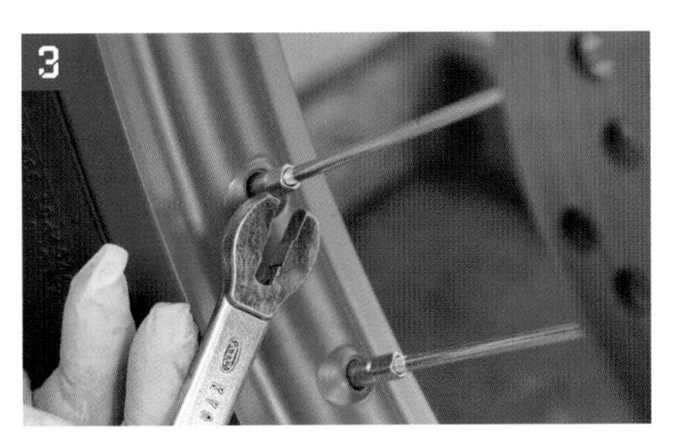

니플 렌치로 장력을 조절한다

스포크는 림에 있는 니플을 니플 렌치로 돌려서 조절한다. 렌치는 차재 공구에 있기도 하다.

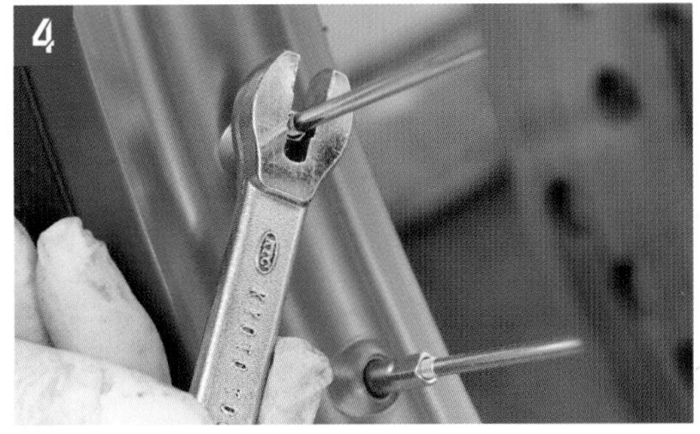

늘어난 스포크를 조인다

지나치게 조이면 반대로 휠이 일그러지므로 1/4씩 돌리면서 조인다.

리어 스포크 점검

리어 휠도 똑같은 순서로 점검한다. 리어는 프런트에 비해 잘 늘어지지 않는 편이다.

허브에서 조절하는 차종도 있다

스포크의 장력을 조절하는 니플은 주로 림 쪽에 있는데, 허브(차륜 중앙) 쪽에 있는 차종도 있다.

PART 5

전기 부품의 정비

배터리와 퓨즈의 점검 및 라이트의 벌브 교체 순서를 설명한다. 특히 배터리는 방전되면 주행할 수 없으므로 정기적인 점검이 중요하다. 차종에 따른 차이도 크기 때문에 정비 자료를 확인해 놓아야 한다.

차량·취재 협력 : 혼다 모터사이클 재팬
차량 협력 : 렌털819 https://www.rental819.com
취재 협력 : 혼다 드림 요코하마 아사히 / 스피드하우스

CAUTION

배터리와 퓨즈

전기 부품의 중요성은 모터바이크 성능이 올라가면서 점점 증가하고 있다.
기초 지식을 익히고 적절하게 선택해 사용하자.

배터리 종류

현재 널리 사용되는 배터리는 크게 두 가지 그룹으로 나눌 수 있다. 첫 번째 그룹은 납 배터리로 제어 밸브형과 개방형이 대표적이다. 전자는 안에 있는 전해액을 정비할 필요가 없으므로 보통 메인터넌스 프리(MF) 방식이라고 부르기도 한다. 다른 그룹은 최근에 등장한 리튬 이온 배터리로 순정 배터리로도 쓰이고 있다. 차체의 충전 방식과 상성이 있기에 순정 부품과 같은 타입을 사용하는 것을 추천한다.

제어 밸브형(MF) 배터리

사용 중에 내부에서 발생하는 가스를 흡수하며, 수명이 다할 때까지 전해액량을 점검하거나 정제수를 보충할 필요가 없다. 잘못된 방법으로 충전하거나 충전 장치에 이상이 생기면 수명이 급격히 줄어들며 용기가 팽창하는 경우가 있다.

개방식 배터리

배기구가 있으며 사용 중에 내부에서 발생하는 가스가 배출되는 구조다. 물의 전기 분해와 증발로 인해 전해액이 줄어든다. 따라서 정기적으로 점검해 부족해진 만큼 정제수를 보충해야 한다.

리튬 이온 배터리

리튬 이온 배터리 팩을 여러 개 조합해 구성한 배터리다. 납 배터리보다 가볍고 자기 방전이 적어서 시동 성능이 뛰어나지만, 정밀한 충전 제어가 필요하기에 납 배터리보다 가격이 높다.

배터리 형식

모터바이크는 공간이 한정적이라서 순정이 아닌 배터리를 쓰기가 어렵다. 또한 같은 모양이라도 용량이 떨어지는 것을 장착하면 곧바로 스타트 모터가 약해지므로 같은 형식을 고르는 것이 아주 중요하다.

먼저 점검해야 할 점은 전압이다. 6V와 12V가 있는데, 현재는 대부분 12V를 사용하며 제어 밸브형은 12V밖에 없다. 다음으로 크기를 점검한다. 크기에 따라 용량도 바뀐다. 마지막 점검 사항은 극성이다. 극성은 배터리 코드를 연결하는 단자의 방향을 나타낸다. 이것이 다르면 배터리 케이스에 끼워도 배터리 코드를 연결할 수 없어서 잘 확인하고 구매해야 한다.

제어 밸브형

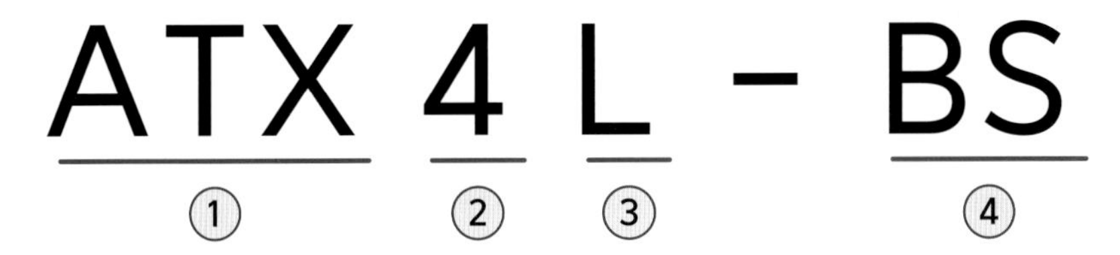

① 제조사 상품명 ② 시동 성능(동등 성능의 표준형 배터리 기준으로 10시간 용량의 Ah가 단위)
③ 극성(L이 붙으면 플러스 단자 쪽 짧은 변에서 봤을 때 플러스 단자가 왼쪽에 있음) ④ 즉용식

개방식(고성능)

FB 12 L - A

① ② ③ ④

① 제조사 상품명 ② 전조(케이스)의 종류(치수)
③ 극성 ④ 단자 형태 및 가스 배기 구멍의 위치

개방식(표준형)

① 전압 ② 보통 배터리 ③ 전조의 종류(치수)
④ 단자 형태 ⑤ 단자 형태가 다른 경우의 구분

ADVICE

배터리 수명

배터리는 소모되면 플러스와 마이너스 단자 간의 전압이 떨어진다. 단순히 방전된 경우라면 충전하면 회복하지만, 충방전을 반복하면 전기를 저장하는 능력이 떨어지며 충전하더라도 금방 전압이 떨어진다. 배터리 수명이 다했다는 뜻이다.

배터리 수명은 전력 대부분을 방전하면(과방전) 순식간에 줄어들기 때문에 라이트를 켠 채로 방치하면 과방전할 수 있다. 절대 하면 안 된다. 개방식 배터리는 전해액이 줄어들어 내부 금속이 노출되면 열화가 진행되며 수명도 줄어든다. 제어 밸브형은 이런 문제가 없지만, 수명이 다하면 아무런 징후 없이 갑자기 사용할 수 없는 상태가 된다. 따라서 일정 기간(예를 들어 2년)을 정해서 교체하면 예상치 못한 문제를 피할 수 있다.

배터리와 관련된 기재

배터리를 점검하고 보충할 때는 전용 기재가 필요하다. 사용하는 배터리에 맞는지 확인하고 준비한다.

멀티 테스터

배터리 상태는 외관으로 판단할 수 없다. 점검에는 전압을 측정할 수 있는 멀티 테스터가 꼭 필요하다. 전기 부품 전반의 정비에도 유용하기 때문에 하나 정도 갖추면 좋다.

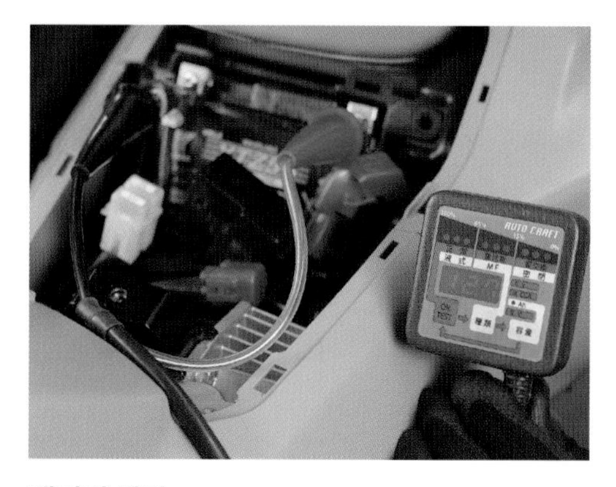

배터리 체커

배터리 수명을 더 정확하게 측정할 수 있다. 전압 측정과는 다른 테스트를 통해서 배터리가 어느 정도 소모됐는지 알 수 있다. 교체할 시기를 판단할 수 있게 도와준다.

충전기

약해진 배터리는 보충전을 하는데, 수명을 다한 배터리를 회복시키는 기능을 갖춘(회복할 수 없는 경우도 있음) 충전기가 있다. 이를 펄스 충전기라고 하며, 납 배터리의 성능을 떨어뜨리는 황산화를 제거하는 펄스 충전 기능이 있다.

퓨즈 구조

퓨즈는 과잉 전류가 흐를 때 전기 부품에 가해지는 충격을 방지하는 부품이며, 보통 가정에서는 차단기가 이에 해당한다. 과잉 전류가 흐르면 퓨즈가 끊기면서 전류를 차단한다. 퓨즈가 끊기면 전기가 흐르지 않기 때문에 전기 부품은 작동하지 않는다.

퓨즈는 다른 원인으로 끊어지기도 하며 이런 경우에는 교체만 하면 문제없이 사용할 수 있다. 그러나 과잉 전류로 인해 끊어졌는데 발생 원인을 해소하지 않으면, 퓨즈는 곧바로 다시 끊어진다. 원인 중 하나인 쇼트는 최악에 발화 시작점이 될 수 있으므로 확실하게 점검해야 한다.

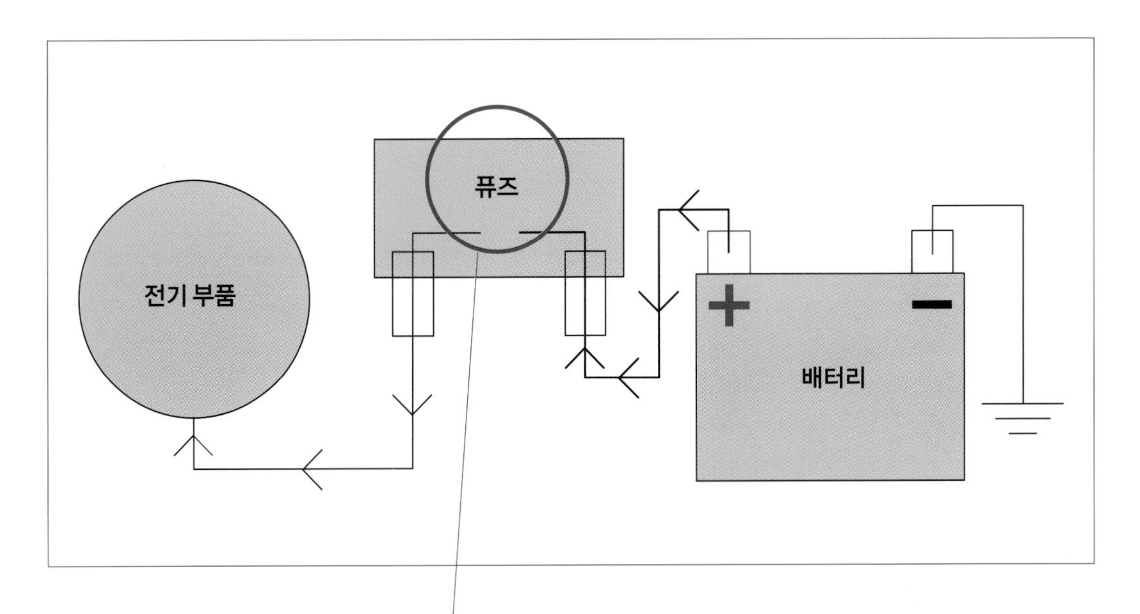

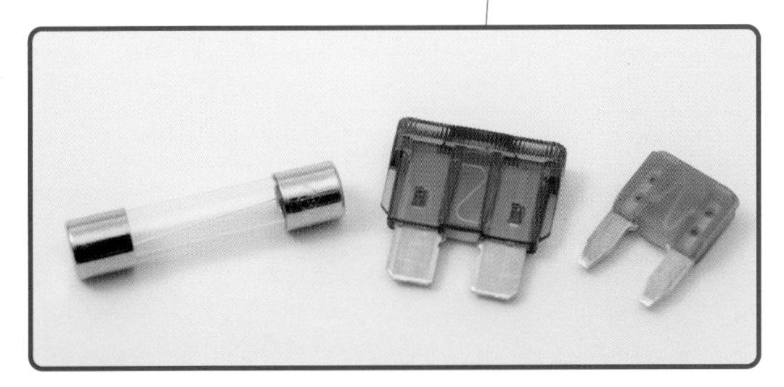

퓨즈 종류

퓨즈의 정격 전류(암페어)를 넘는 전류가 흐르면 엘리먼트 부분이 녹아서 단선(용단)되며 전기 부품에 과전류가 흐르는 것을 방지한다. 퓨즈에는 유리관 타입, 블레이드 타입, 미니 블레이드 타입이 있으며 각각 사용 장소마다 적합한 정격 전류가 있다. 블레이드 타입의 수지부는 정격 전압마다 다른 색을 사용한다.

퓨즈 확인 방법

블레이드 타입은 밝은 빛에 비춰 보면 쉽게 확인할 수 있다. 잘 보이지 않는 기둥 근처가 살짝 끊어질 때도 있으므로 눈으로 구석구석까지 확인한다.

배터리 점검

점검을 위해 배터리를 꺼낸다. 작업할 때는 메인 스위치를 반드시 OFF로 두고, 배터리 코드의 탈착 순서를 지킨다.

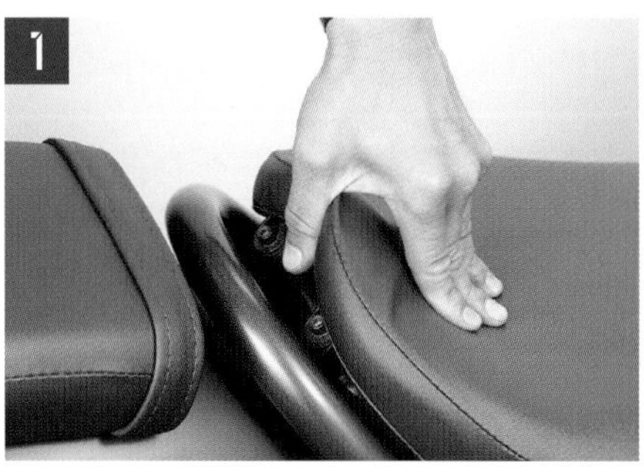

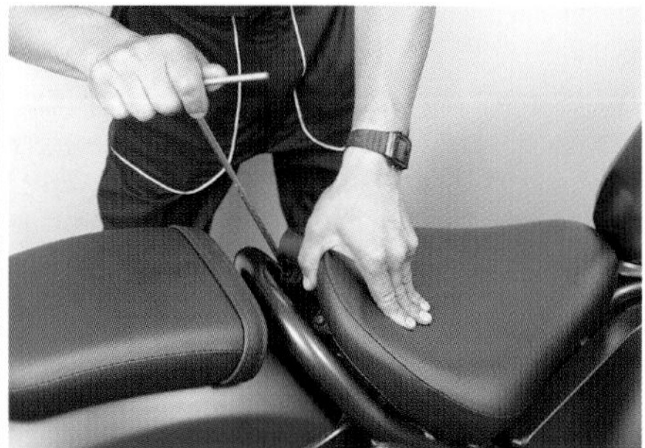

시트의 고정 볼트를 푼다

배터리는 대부분 시트 아래에 있다. 레블 250도 마찬가지이므로 시트를 빼기 위해서 뒷부분을 들어 올리고 고정 볼트를 노출한 뒤, 5mm짜리 긴 육각 렌치로 볼트를 푼다.

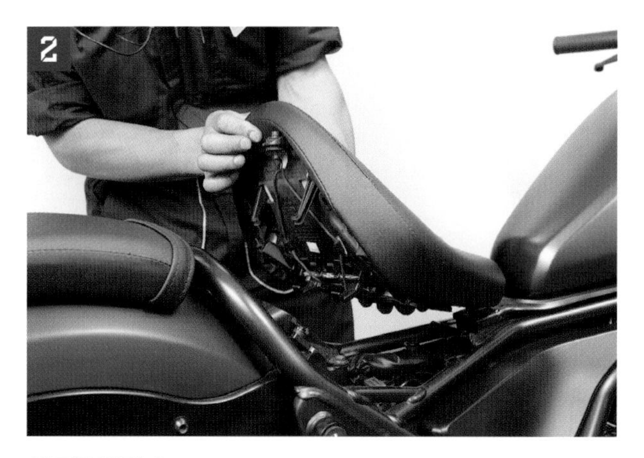

시트를 벗긴다

시트의 전방에는 갈고리가 있으며 프레임에 걸려 있다. 벗길 때는 뒤를 들어 올린 뒤에 당긴다.

ADVICE

사용 설명서 확인하기

배터리의 위치와 탈착 순서(부품 구성)는 차량마다 다르다. 수지제 커버는 고정할 때 갈고리를 사용하는 경우가 많아서 잘못하면 쉽게 부서질 수 있다. 따라서 사용 설명서로 탈착 순서를 미리 잘 확인해야 한다.

하네스 상태를
기록해 놓는다

하네스 상태와 부품 배치를 확인한다

시트를 벗기면 배터리 주변부가 노출된다. 여러 전기 부품과 하네스(배선)를 제거하고 이동시키다가, 마지막에는 원래대로 복구해야 하므로 참고할 사진을 찍어두면 실수를 줄일 수 있다.

커플러 제거는
신중하게

데이터 링크 커플러를 제거한다

배터리 커버에 부착된 붉은 데이터 링크 커플러를 제거한다. 화살표로 표시된 부분을 들어 올리면 잠금이 풀린다. 사진의 정면 방향으로 당겨서 제거한다.

에어 체크 커넥터를 제거한다

검은색 에어 체크 커넥터를 제거한다. 커넥터의 갈고리는 데이터 링크 커플러와 반대쪽, 화살표 위치에 있으며 위쪽으로 누르면 잠금을 풀 수 있다.

ADVICE

갈고리를 누를 때 주의하기

커플러의 잠금을 풀려고 갈고리를 들었는데 움직이지 않는다면 갈고리를 누르는 방향을 바꾼다. 같은 커플러에 있는 갈고리라도 잠금을 푸는 방향이 다를 수 있기에 여러 방법으로 생각하고 시도하는 것이 중요하다.

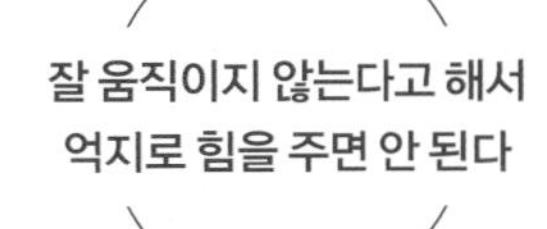

커넥터 홀더를 제거한다

배터리 커버 후면에 장착된 커넥터 홀더를 제거한다. 커버 갈고리에 홀더 고무가 끼워져 있는 게 전부이므로 위로 당기면 쉽게 빠진다.

릴레이 홀더를 제거한다

커넥터 홀더 옆에 2개, 데이터 링크 홀더 근처의 배터리 커버 윗면에 1개, 총 3개의 릴레이 홀더를 제거한다. 모두 위로 당기면 쉽게 빠진다.

모든 부품을 제거했는지 확인한다

배터리 커버를 제거하는 데 방해가 되는 커플러, 홀더 등을 제거했는지 확인한다.

클립을 뺀다

배터리 커버를 고정하는 클립을 뺀다. 클립은 중앙부를 누르면 잠금이 풀린다.

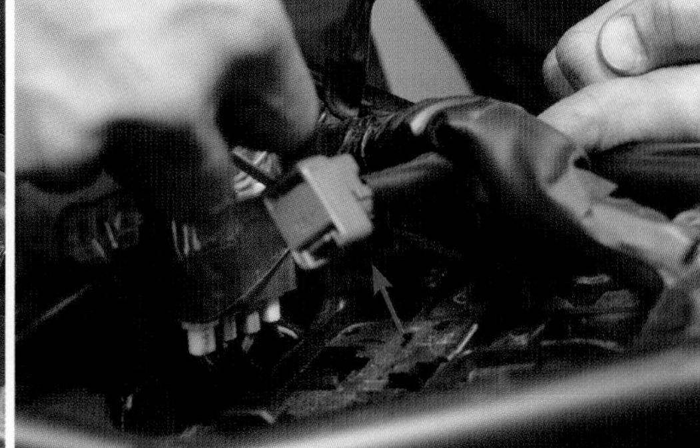

하네스를 피하면서 다른 클립 하나를 뺀다

클립은 2개가 있으며 다른 하나는 두꺼운 하네스 아래에 있다. 위로 뜨지 않게 붙잡고 있는 갈고리로부터 하네스를 빼서 옆에 두고 공간을 만든 상태에서 클립을 뺀다.

11

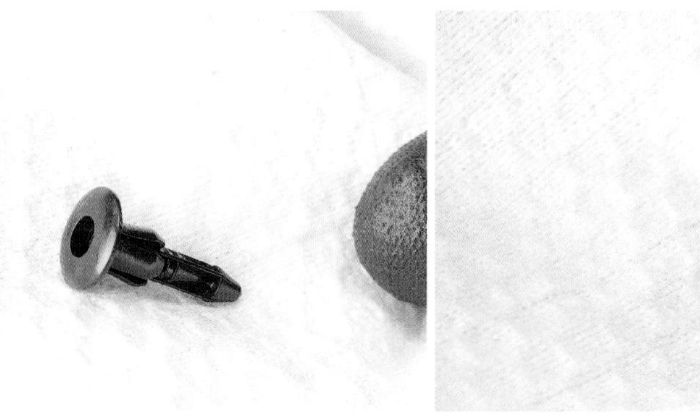

클립의 처리

클립은 뺀 그대로(사진 왼쪽) 고정할 수 없다. 그래서 봉 부분을 원래대로 되돌려서 사진 오른쪽 처럼 위로 튀어나온 상태로 만든다. 고정할 때는 튀어나온 부분을 눌러서 평평하게 한다.

마이너스 단자의 볼트를 제거한다

십자드라이버를 사용해 배터리의 마이너스 단자와 배터리 코드를 고정하는 볼트를 제거한다.

POINT

제거는 마이너스부터

배터리 탈착을 할 때 쇼트가 일어날까 겁이 난다. 쇼트 가능성을 낮추려면 단자에서 코드를 제거할 때는 마이너스부터, 그리고 다시 붙일 때는 플러스부터 하는 것이 철칙이다. 플러스 단자를 작업할 때는 공구가 금속 부분에 닿으면 쇼트가 발생하므로 주의해야 한다.

ADVICE

작업 단계를 미리 머릿속으로 생각한다

부품과 하네스 연결을 해제한 뒤에는 다음 작업에서 이들이 방해되지 않는지 점검한다. 단순히 방해하기만 하면 다행이지만 간섭을 일으켜서 강하게 당기다가 파손될 가능성도 있다. 미리 처리해 놓으면 효율도 올라간다.

코드의 단자를 치운다

마이너스 코드의 단자를 커버에서 치운다. 커버를 열 때 걸려서 파손될 위험을 막기 위해서다.

고정 볼트를 꽂는다

배터리 단자 안에 있는 사각 너트가 떨어지지 않도록 고정 볼트를 너트가 떨어지지 않을 정도로만 꽂는다.

ADVICE

작은 부품의 분실에 주의하기

나사와 볼트 등 작은 부품은 제거한 뒤에 방치하지 말고 안전한 장소에 보관한다. 모터바이크는 손이 닿지 않는 부분이 많아서 이곳에 떨어지면 회수가 어렵다. 회수하지 못한 부품이 문제를 일으킬 가능성도 적지 않기 때문에 주의해야 한다.

배터리 커버를 제거한다

제거하지 않은 부품이 없는지 다시 확인한 뒤에 하네스를 피하면서 배터리 커버를 제거한다.

플러스 쪽 코드를 제거한다

배터리의 플러스 쪽 코드를 제거한다. 이 작업에서도 하네스가 위에 있기에 옆으로 치우고 빨간색 터미널 커버를 비틀어서 볼트를 제거한다. 공구의 금속부가 차체 금속부에 닿지 않도록 주의한다.

배터리를 제거한다

하네스를 피하면서 배터리를 제거한다.

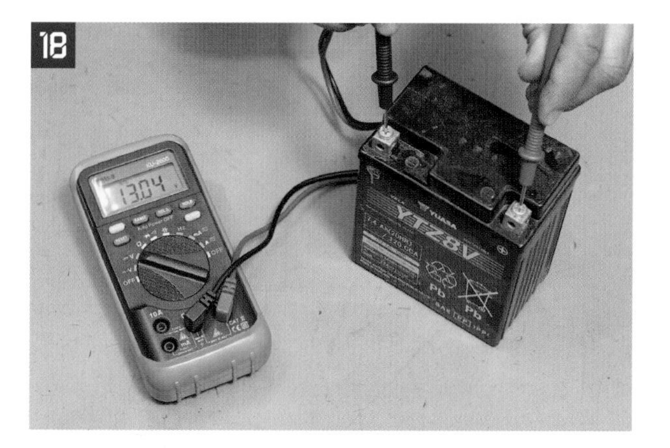

배터리 전압을 확인한다

멀티 테스터를 사용해 플러스, 마이너스 단자의 전압을 측정한다. 12.8V를 밑돌면 보충전을 한다.

보충전

전압이 떨어지면 보충전을 한다. 충전은 배터리 형식에 맞는 충전기를 사용한다. 개방식 배터리를 충전할 때는 수소 가스가 발생하므로 이를 막기 위해서 마개를 전부 제거한 다음에 환기가 잘되는 장소에서 충전한다.

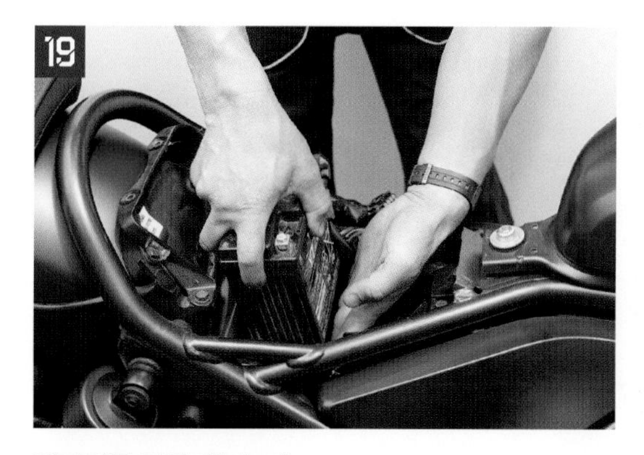

배터리를 되돌려놓는다

떨어뜨려서 부서지지 않게, 단자 접촉으로 인한 쇼트에 주의하며 배터리를 차체에 되돌려놓는다.

플러스 단자에 코드를 연결한다

배터리와 코드 단자가 닿지 않도록 주의하며 볼트로 연결하고 터미널 커버를 씌운다.

배터리 커버를 부착한다

하네스를 피하며 배터리 커버를 부착한다.

마이너스 단자에 코드를 연결한다

마이너스 단자에 볼트를 사용해 코드를 연결한다. 볼트는 단단하게 조인다.

릴레이와 터미널 커버를 부착한다

릴레이 3개, 터미널 커버를 부착한다. 차체 쪽 돌기를 각 부품에 있는 슬릿(slit)에 넣어서 고정한다.

커플러를 부착한다

데이터 링크 커플러, 에어 체크 커넥터를 부착한다. 딸칵 소리가 날 때까지 꽂는다.

ADVICE

배치는 반드시 원래대로 하기

모터바이크는 공간이 한정적이라서 각 부품과 하네스의 배치에 여유가 없다. 배터리 주변은 두꺼운 하네스가 많아서 다르게 처리하면, 주변 부품을 정리하기가 힘들며 파손 가능성이 생긴다. 확실하게 원래 모습으로 돌려놓아야 한다.

각 부품을 원래대로 조립했는지 확인한다

작업 전의 상태로 조립했는지 확인하면서 시트를 부착한다.

퓨즈 점검 및 교체

퓨즈의 위치와 수는 차종에 따라 크게 다르다. 배터리와 마찬가지로 사용 설명서로 미리 확인해야 한다.

오른쪽 사이드 커버를 제거한다

메인 퓨즈는 오른쪽 사이드 커버 내부에 있다. 그로밋(grommet)으로 고정돼 있으므로 틈새로 손가락을 넣어서 미리 당겨놓는다.

메인 퓨즈를 노출한다

사이드 커버를 벗기면 메인 퓨즈의 주변부가 드러난다. 고정용 그로밋은 동그라미로 표시된 세 곳에 있다.

스타터 마그넷 스위치를 제거한다

모델 차량인 레블 250은 메인 퓨즈가 스타터 마그넷 스위치에 있으므로 이를 미리 당겨서 차체에서 제거한다.

커플러를 제거한다

측면에 있는 갈고리의 윗부분을 눌러 잠금을 풀고, 빨간색 커플러를 위로 당겨서 분리한다.

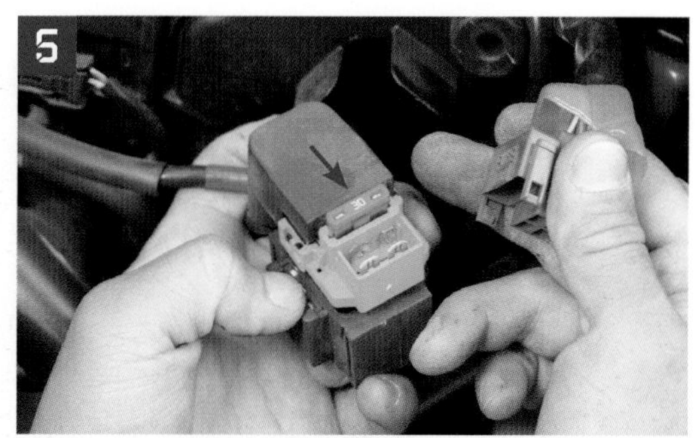

메인 퓨즈를 제거하고 점검한다

커플러를 제거하면 메인 퓨즈가 보인다. 전기 부품이 전체적으로 작동하지 않으면 점검한다.

커플러를 부착한다

점검이 끝나면 커플러를 부착한다. 확실히 안쪽까지 꽂고 갈고리로 확실하게 잠근다.

스위치를 되돌려놓는다

스위치 고무 부분의 슬릿에 차체의 판 모양 돌기를 꽂아서 고정한다. 고무 부분에는 예비 퓨즈가 있다.

사이드 커버를 부착한다

세 곳에 있는 그로밋에 갈고리를 꽂은 뒤, 사이드 커버를 고정한다. 나중에 떨어지는 일이 없도록 위에서 느낌이 올 때까지 눌러서 갈고리를 그로밋의 안쪽까지 밀어 넣는다.

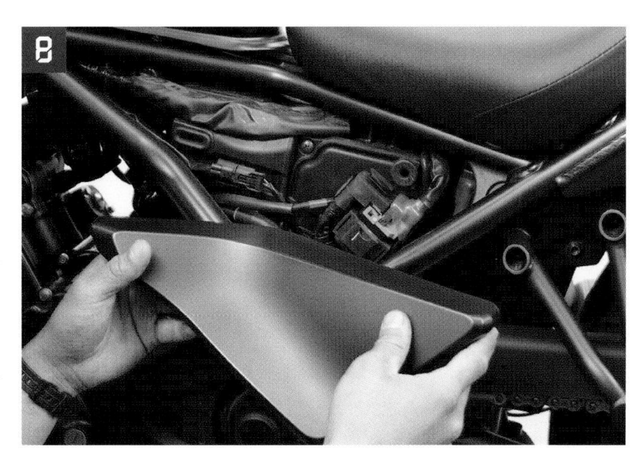

ADVICE

퓨즈 박스의 뚜껑을 확인하기

서브 퓨즈에는 헤드라이트, 윙커, 경적 등 각각 담당하는 회로(전기 부품)가 있다. 이 퓨즈가 담당하는 회로는 퓨즈 박스의 뚜껑에 적혀 있으므로 문제가 발생하면 담당하는 퓨즈를 확인한다.

서브 퓨즈는 배터리 옆에

레블 250의 서브 퓨즈는 배터리 옆에 있다. 배터리 커버를 제거하고 확인한다.

뚜껑을 열면 퓨즈가 보인다

퓨즈 박스의 뚜껑을 열면 퓨즈가 보인다. 서브 퓨즈는 박스 하나에 들어가 있거나, 사진과 같이 여러 개로 나뉘어 있기도 하다.

POINT

같은 정격 전류의 퓨즈를 사용한다

어떤 정격 전류를 사용해야 하는지는 엄격하게 정해져 있다. 다른 것으로 바꾸면 이상이 없는데도 끊어지거나 일반 수치 이상의 전류가 흘러서 전기 부품이 부서지고, 최악에는 차량 화재가 일어날 수 있다. 긴급한 상황에서도 원래 정격 전류가 아닌 퓨즈를 사용해서는 안 된다.

배터리 커버에 부착된 퓨즈 풀러

미니 블레이드 타입의 퓨즈는 작아서 손으로 제거하기가 어렵다. 그래서 전용 공구가 같이 있으며 레블 250은 배터리 커버에 있다.

예비 퓨즈의 위치

서브 퓨즈도 정격 전류마다 하나씩 예비품이 준비돼 있다. 이 차량은 가장 큰 퓨즈 박스에 2개(방향이 다른 것), 배터리 커버에 또 다른 1개가 있다.

라이트 벌브 교체

이륜 차량에도 LED가 보급되고 있지만, 할로겐 벌브를 쓴 차량도 아직 많이 있다.
벌브 교체 방법을 소개한다.

헤드라이트 벌브

헤드라이트 전구, 즉 헤드라이트 벌브는 종류가 다양하다. 하이(high)와 로(low), 두 가지 광원이 있는 것은 대부분 공통이지만 밝기와 모양은 제각각이며 교체할 때는 무엇을 사용하고 있는지를 반드시 확인해야 한다. 대략 말하자면 250cc 이상은 대부분이 H4 타입을 사용하며 소형 모터바이크, 125cc급, 오프 차량은 여러 제품을 사용한다.

필라멘트

와이어가 코일 형태로 감겨 있는 발광체다. 벌브에 따라서 로빔과 하이빔의 두 가지 필라멘트가 있는데, 진동으로 한쪽이 끊기는 경우가 있다.

ADVICE

유리 안의 검은 흔적은 필라멘트가 끊긴 신호

불이 들어오지 않아서 벌브가 끊어졌는지 확인하려고 꺼내보면 벌브 유리 안이 검게 탄 모습을 볼 때가 있다. 이는 필라멘트가 끊어졌다는 신호이며, 발견했다면 필라멘트 상태를 확인할 필요 없이 교체하면 된다.

종류

헤드라이트 벌브의 꼭지쇠는 종류가 여러 가지다. 오른쪽 그림은 예시를 나타낸 것으로 각각 명칭이 적혀 있다. 여기서 H4만 통일 규격이다. 나머지는 벌브로 유명한 M&H 마츠시마의 독자적 명칭이며 일반적인 호칭으로 사용되고 있다. 차량 제조사는 사용하지 않으므로 실제로 확인하는 것이 중요하다.

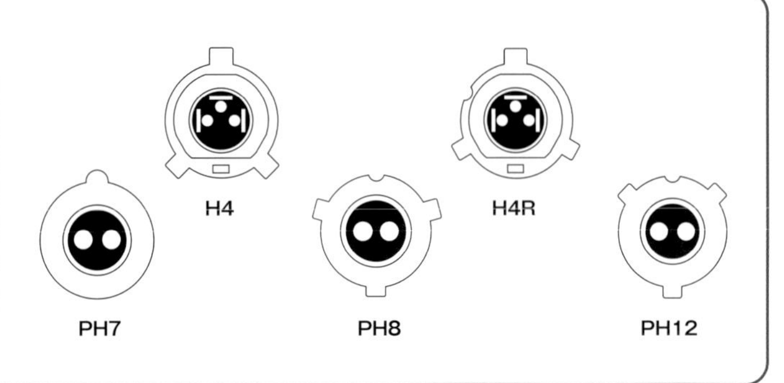

윙커, 테일 램프의 벌브

윙커, 테일 램프의 벌브는 먼저 꼭지쇠가 금속인 타입, 전체가 유리인 웨지 타입이 있으며 각각 필라멘트가 1개인 싱글, 2개인 더블이 존재한다. 높이 차이에 따라서도 종류가 다양하다.

1 윙커에 사용되는 싱글 꼭지쇠 타입의 벌브. 꼭지쇠의 위치를 정하는 핀이 같은 높이에 붙어 있다. 이 핀은 사진처럼 180도에 대칭하는 위치에 있는 것 외에도 120도(240도) 간격인 것도 있다.

2 테일 램프 및 포지션 기능이 있는 윙커에 사용하는 더블 전구. 핀은 위치가 다르게 붙어 있으며 부착 방향을 제한한다. 싱글, 더블 모두 전구 크기(높이)에 따라 여러 종류가 있으며 적절한 제품을 고르지 않으면 렌즈에 닿는다.

3 요즘 차량에서는 미터 전구를 비롯해 사용 사례가 늘고 있는 웨지 전구. 부착하는 금속 부분이 없으며 얇고 평평한 부분을 직접 라이트 본체에 꽂는다. 부착하는 너비에 따라 종류가 여러 가지다.

라이트 벌브의 정격

라이트 벌브는 정격이라는 규격이 있다. 이는 적합 전압과 밝기에 상당하는 와트 수를 나타내며 싱글 전구는 숫자 하나, 헤드라이트 벌브 및 더블 전구는 숫자 둘이 표기된다. 순정과 같도록 맞추는 것이 기본이다.

12V 60/55W

- 12V: 전압
- 60: 하이빔(스톱) 쪽의 와트 수
- 55W: 로빔(포지션) 쪽의 와트 수

헤드라이트 벌브 교체

모델 차량인 레블 250처럼 헤드라이트가 드러난 차량은 비교적 손쉽게 작업할 수 있다.

헤드라이트 케이스 고정 볼트를 푼다

헤드라이트 케이스와 헤드라이트 유닛을 고정하는 볼트 2개를 5mm 육각 렌치로 푼다.

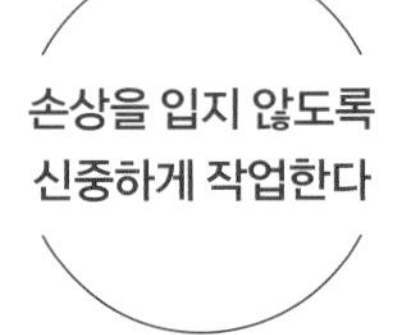

헤드라이트 케이스를 벗긴다

레블 250의 헤드라이트는 헤드라이트 유닛(렌즈를 포함한 앞쪽 부분)으로 차체에 고정돼 있다. 따라서 헤드라이트 케이스를 제거해야 한다. 뒤로 빼면서 배선을 피하는 형태로 벗긴다.

ADVICE

다른 부분을 벗기는 경우에도

최대한 문제가 있는 부분만 손을 대서 작업하고 싶지만, 그 과정에서 부품이 부서지면 본말전도다. 작업하기 어려운 부위라면 주변 부품을 제거하는 것도 고려해야 한다. 레블 250은 헤드라이트 유닛을 제거하면 작업 효율이 매우 좋아진다.

커플러를 뽑는다

헤드라이트 벌브에 꽂혀 있는 커플러를 뽑는다.

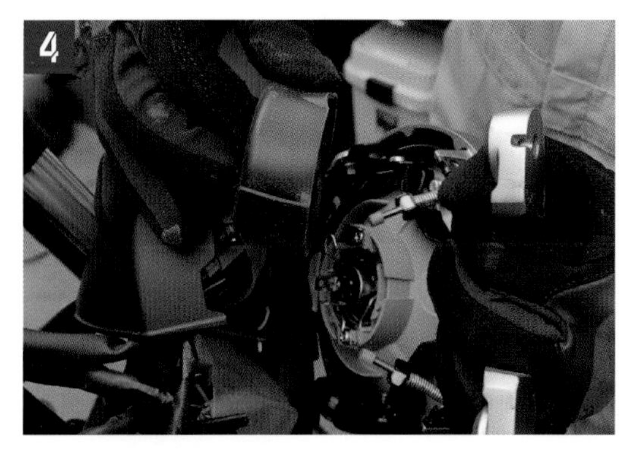

러버 커버를 벗긴다

라이트 벌브 부근을 감싸는 러버 커버를 벗긴다.

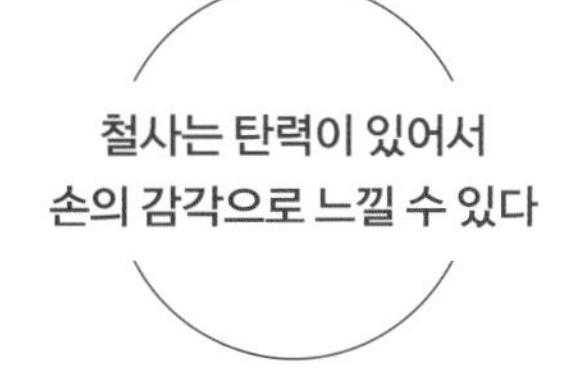

헤드라이트 벌브의 고정 방법

헤드라이트 벌브는 철사로 고정한다. 이 철사는 위가 고정돼 있으며 아래를 축으로 해 움직이는 구조다.

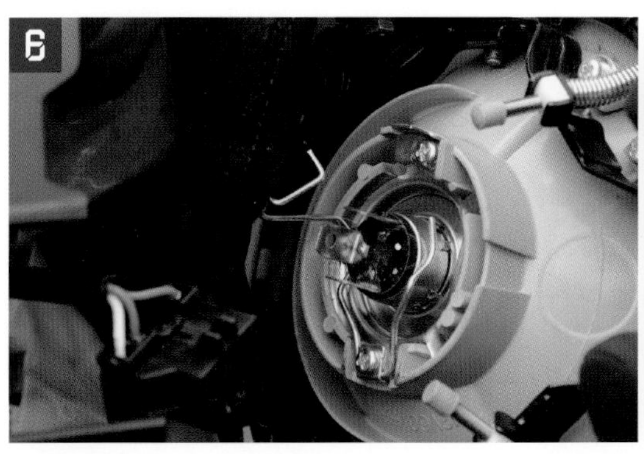

잠금을 푼다

철사의 끝부분을 시계 방향으로 돌려서 라이트 유닛의 홈을 통과시키면 왼쪽 사진처럼 된다. 이를 사진 오른쪽처럼 들어서 라이트 벌브에 걸리지 않는 상태로 만든다.

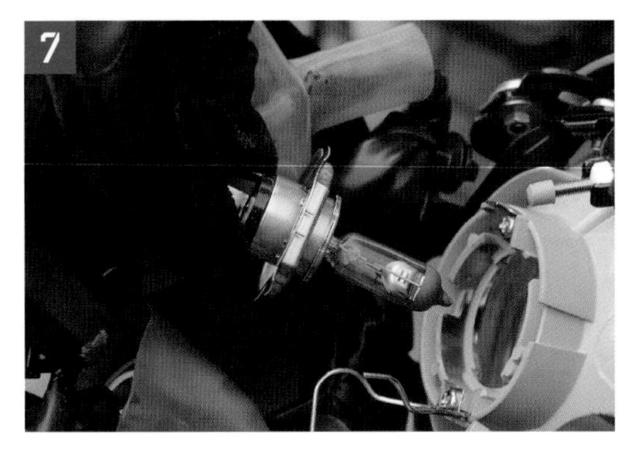

라이트 벌브를 제거한다

잠금을 풀면 앞으로 간단히 당겨서 라이트 벌브를 뺄 수 있다.

헤드라이트 벌브를 확인한다

벌브의 상태를 확인한다. 레블 250은 H4의 12V 60/55W를 사용한다.

유리 부분을 청소한다

헤드라이트 벌브는 발광할 때, 고온 상태가 된다. 유리 부분을 맨손으로 만지면 손의 기름이 묻고, 이것이 원인이 돼 타거나 부서질 수 있다. 파트 클리너를 묻힌 걸레로 청소해야 한다.

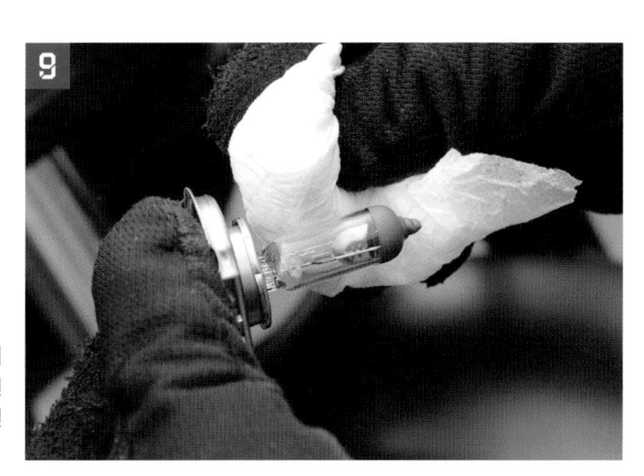

유리 부분은
만지지 않는다

헤드라이트 벌브를 붙인다

라이트 유닛의 홈에 돌기를 맞춰서 라이트 벌브를 꽂는다. 잠금을 풀고 끝부분을 라이트 유닛에 있는 홈 안쪽으로 넣고 고정한다.

러버 커버를 부착한다

커버에는 방향을 나타내는 표시가 있다. 이를 확인하고 틈이 생기지 않게끔 라이트 유닛에 부착한다.

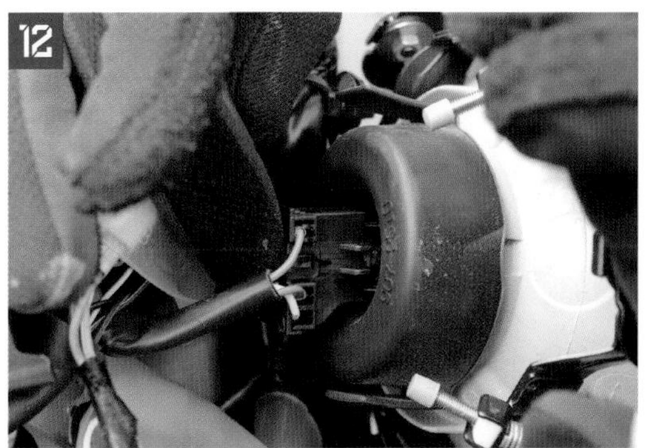

커플러를 부착한다

헤드라이트 벌브에 커플러를 꽂는다. 제대로 안쪽까지 꽂아서 흔들리지 않게 한다.

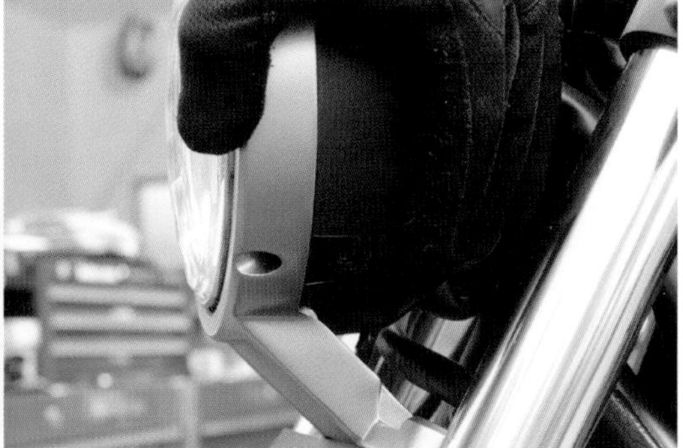

헤드라이트 케이스를 부착한다

배선을 피하면서 헤드라이트 케이스를 씌운다. 볼트 구멍을 맞추고 헤드라이트 유닛에 밀착한다.

고정 볼트를 끼운다

고정 볼트 2개를 끼운다. 볼트가 잘 들어가지 않으면, 헤드라이트 케이스의 위치를 조절한다.

점등을 확인한다

하이빔, 로빔 모두 정상적으로 점등하는지 확인하면 교체 작업은 종료다.

윙커 벌브 교체

윙커 렌즈의 고정 방법은 차량에 따라 세부적으로 다르기에 확인하면서 신중하게 작업해야 한다.

1

렌즈 고정 나사를 푼다

프런트부터 작업한다. 먼저 윙커 본체 아래, 사진에 보이는 위치에 렌즈 고정 나사가 있다. 이 나사를 십자드라이버로 푼다.

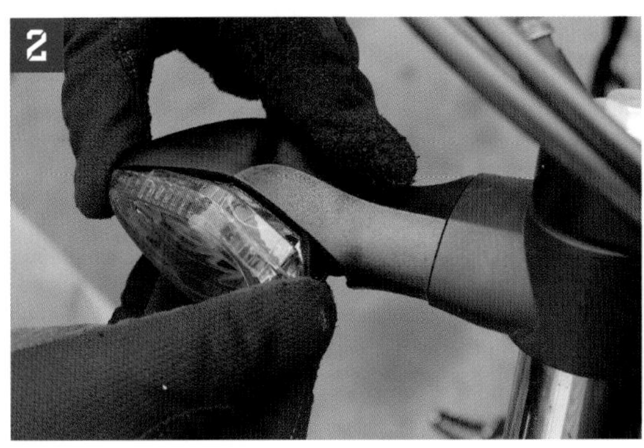

2

윙커 렌즈를 뺀다

윙커 렌즈를 뺀다. 레블 250 렌즈는 차체 바깥쪽에 갈고리가 있다. 이를 중심으로 고정 나사 쪽을 들어 올리는 식으로 분리한다.

POINT

갈고리 위치에 주의하기

윙커 렌즈는 고정용 갈고리가 종종 있다. 빠지지 않는다고 억지로 비틀면 갈고리가 부서진다. 이리저리 잘 움직이면서 힘을 주는 위치를 바꾸고, 인터넷 검색으로 같은 모양의 윙커(다른 차종이라도 같은 모양의 제품을 사용하는 경우가 많음)는 어떻게 작업하는지 확인한다.

제거한 렌즈는 보관해 놓는다

윙커 벌브의 상태

이 차량은 꼭지쇠 벌브를 사용한다.

벌브의 잠금을 푼다

벌브를 누른 상태에서 돌리고 잠금을 푼다.

벌브를 제거한다

잠금이 풀리면 윙커에서
벌브를 꺼낸다.

벌브의 정격을 확인한다

사용 설명서에 기재된 정격과 같은지 확인한다. 중고 차량은 다른 제품이 끼워져 있을 수도 있다.

POINT

윙커 벌브의 정격

윙커 벌브를 제조사가 지정한 것과 다른 정격을 사용하면 점멸 간격이 변한다. 약간의 차이는 문제가 없지만, LED 벌브는 백열구에 비해 훨씬 작아서 빠르게 점멸한다. 앞뒤에 있는 벌브 중 하나만 끊어져도 소비 전력이 줄어들기 때문에 똑같은 일이 발생한다.

더블 전구는 돌기도 2개가 있다

핀 형태를 확인한다

레블 250의 프런트 윙커는 포지션 라이트를 겸한다. 벌브는 더블인 12V 21/5W를 사용한다. 따라서 핀은 사진처럼 위치가 다르다.

실 개스킷을 집어넣는다

방수용 고무끈 같은 실 개스킷을 사용하므로 렌즈 홈에 집어넣는다.

벌브를 끼운다

홈과 핀의 위치를 맞춰서 벌브를 끝까지 밀어 넣고 회전시켜서 잠근다.

유리면을 청소한다

잠기지 않으면, 벌브의 방향을 바꿔서 다시 끼운다. 다음으로 유리면에 있는 손 기름을 제거한다.

윙커 렌즈의 갈고리

윙커 렌즈의 갈고리는 모양이 사진과 같다. 이를 윙커 본체의 홈에 끼운다.

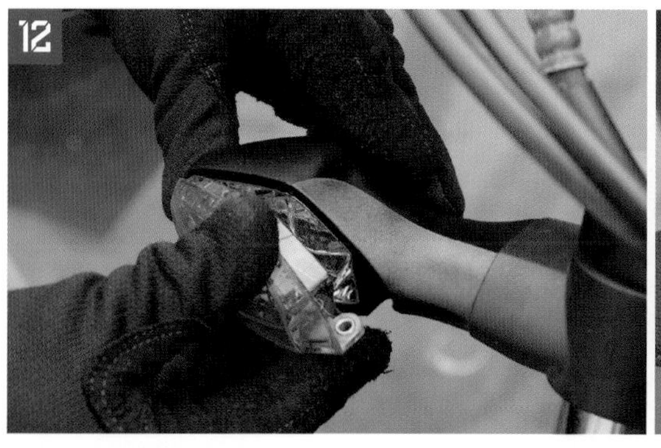

윙커 렌즈를 끼운다

갈고리를 윙커 본체의 홈에 꽂은 후에 차체 중앙 쪽으로 닫는다.

고정 나사를 끼운다

렌즈가 뜨지 않도록 누르면서 고정 나사로 렌즈를 고정한다.

리어 윙커의 고정을 푼다

리어 윙커로 이동한다. 여기도 먼저 렌즈의 차체 중앙에 있는 고정 나사를 십자드라이버로 푼다.

윙커 렌즈를 뺀다

바깥에 있는 갈고리를 중심으로 열어젖히듯이 윙커 렌즈를 뺀다.

벌브를 제거한다

누르면서 회전시키고 잠금을 푼다. 윙커 벌브를 제거한다.

리어는 싱글 전구

이 차량은 리어 윙커가 싱글 전구, 정격이 12V 21W이며 핀 위치는 180도다. 이 차량은 유리가 큰 편인데, 공간이 한정된 윙커는 같은 정격이라도 유리 부분이 작고 낮은 벌브를 사용한다.

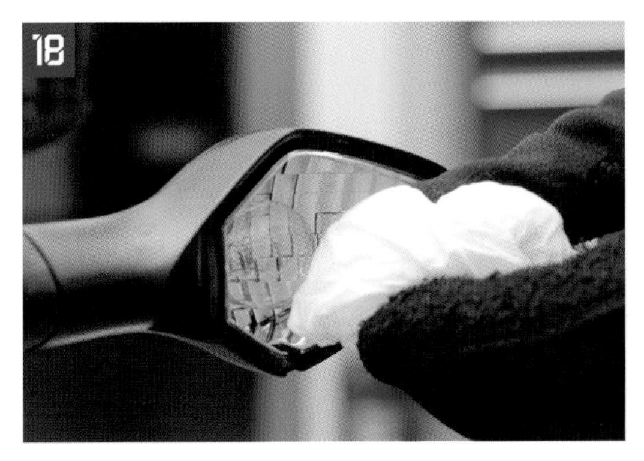

벌브를 부착한다

벌브를 누른 채로 돌리면서 끼운다. (싱글 전구라서 방향은 없음) 유리에 묻은 손 기름은 닦아서 제거한다.

실 개스킷을 홈에 넣는다

렌즈를 제거할 때 빠먹기 쉬운 실 개스킷을 홈에 다시 끼운다.

윙커 렌즈를 부착한다

바깥에 있는 갈고리를 가장 먼저 끼우고, 차체 중앙 부분으로 눌러서 틈이 없게 누른다.
고정 나사를 끼우고, 문제없이 점등하는 모습을 확인하면 작업은 끝이다.

테일 램프 벌브 교체

테일 램프는 대부분 더블 전구를 사용한다. 포지션 쪽은 비교적 자주 끊어지므로 교체 순서를 확실히 익혀두자.

렌즈를 고정하는 나사를 푼다

테일 램프에 렌즈를 고정하는 십자 나사 2개를 십자드라이버로 풀고 뺀다.

렌즈를 제거한다

렌즈를 제거한다. 레블 250은 갈고리가 없으며 앞으로 당기기만 하면 제거할 수 있다.

반사판도 깨끗하게 닦는다

테일 램프의 벌브

차종에 따라 여러 벌브를 사용하기도 하지만, 이 차량은 중앙에 벌브 하나만 사용한다.

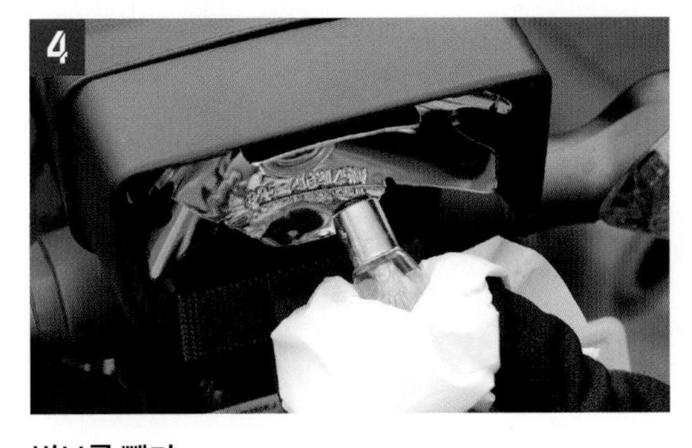

벌브를 뺀다

벌브를 누르면서 돌리면 잠금이 풀린다. 앞으로 당겨서 뺀다.

사용한 벌브를 확인한다

사용하는 벌브의 정격을 확인한다. 12V 21/5W를 사용한다.

꼭지쇠의 형태를 확인한다

더블 전구이므로 핀 2개의 위치가 다르다.

접합부의 홈을 확인한다

소켓 홈의 한쪽에는 잠금용 홈이 높게 있으며, 다른 쪽은 낮게 있다. 맞춰서 끼워 넣는다.

POINT

웨지 전구에 방향은 없다

꼭지쇠 타입의 더블 전구는 소켓에 정해진 방향이 있으며, 잘못 끼우면 잠글 수가 없다. 반면에 웨지 전구는 앞뒤 어디로든 소켓을 끼울 수 있다. 어느 방향으로 끼워도 문제없이 작동한다. 끼울 때는 안쪽 끝까지 밀어 넣는다.

벌브를 끼운다

홈과 핀의 위치를 맞춰서 벌브를 꽂고, 일단 멈춘 상태에서 다시 밀어 넣고 돌리면 잠글 수 있다. 돌아가지 않을 때는 벌브를 한 번 뺐다가 방향을 180도 돌려서 다시 작업한다.

장갑을 끼면
잘 더러워지지 않는다

유리 부분을 닦는다

작업할 때 유리 부분을 맨손으로 만졌다면 걸레로 손 기름을 닦는다. 이 단계에서 포지션, 스톱 등 모두가 점등하는지 확인한다.

렌즈를 청소한다

오염물로 인해 빛이 차단돼 어둡게 비치는 경우가 있으므로 렌즈를 안팎으로 청소한다.

POINT

테일 램프의 벌브 색깔

테일 램프용 벌브는 하얀색 말고도 빨간색이 있다. 번호등이 개별로 있는 차량은 다르지만, 모델로 사용하는 차량처럼 공용(렌즈 일부가 투명함)인 경우, 하얀색이 아니면 안전 기준에 위반되기 때문에 주의해야 한다.

렌즈를 끼운다

렌즈를 테일 램프 본체에 붙이고 깊숙하게 넣는다.

나사로 고정한다

렌즈를 나사로 고정하고 다시 정상적으로 점등하는지 확인하면 완료다.

세차와 체인 드라이브 정비

모터바이크에 묻은 오염물은 미관상으로 좋지 않고, 도장을 손상하며 녹 발생 및 마모를 촉진한다. 이번 파트에서는 오염을 제거하기 위한 세차와 코팅 순서, 중요한 체인 드라이브 정비 방법을 설명한다.

차량 협력 : 혼다 모터사이클 재팬
취재 협력 : 데이토나 https://www.daytona.co.jp

CAUTION

- 이 책은 숙련된 사람의 지식과 작업, 기술을 바탕으로 하며 독자에게 도움이 되리라 판단한 내용을 편집한 뒤 재구성한 것입니다. 따라서 이 책은 모든 사람의 작업 성공을 보장하지 않습니다. 출판사, 주식회사 STUDIO TAC CREATIVE 및 취재에 응한 각 회사는 작업의 결과와 안전성을 일절 보장하지 않습니다. 또한 작업 중에 물적 손해와 상해가 일어날 가능성이 있습니다. 작업상 발생한 물적 손해와 상해는 당사에서 일절 책임지지 않습니다. 모든 작업의 위험 부담은 작업을 진행하는 본인이지므로 충분한 주의가 필요합니다.

세차 도구와 약품

세차용으로 다양한 도구와 약품이 나와 있다. 그만큼 세차에 필요하기 때문이며 전용 제품을 사용하면 더욱더 큰 효과를 볼 수 있다.

세차 도구

세차 도구 및 약품은 필요할 때마다 갖추자. 세차 방법에 따라서도 필요한 도구와 약품이 달라진다.

양동이

수도꼭지나 호스로 물을 가져다 쓸 환경을 갖추지 않아도 양동이에 물을 담아 옮기면 물을 이용해 세차할 수 있다. 세차용 세제와 가정용 중성 세제를 적당량으로 넣어서 세제 용액을 만든다.

극세사 장갑

세차용 스펀지

물로 세차할 때, 세제 용액과 물에 적셔서 외장을 부드럽게 닦을 때 사용한다. 장갑 타입은 울퉁불퉁한 부분이나 복잡한 부분도 효율적으로 닦을 수 있다.

플렉시블 엔진 브러시

모히칸 브러시

엔진이나 브레이크 주변처럼 오염물 제거가 어려운 곳의 표면을 닦을 때 효과적인 나일론 소재의 브러시. 솔이 길고 부드럽게 구부러져서 손이 닿기 어려운 부분까지 효과적으로 오염물을 제거할 수 있다.

체인 브러시

체인 드라이브용 브러시로 체인의 세 면을 한 번에 닦을 수 있다. 체인 청소의 효율을 크게 올려주기 때문에 추천하는 아이템이다.

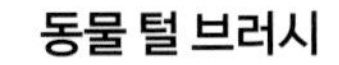

동물 털 브러시

돼지털을 비롯한 동물 털을 사용해 만든 브러시. 털끝이 잘 벌어지지 않고 탄력이 있다는 것이 특징이다. 내구성이 높고 오염물을 제거하기 쉬워서 체인 드라이브를 닦는 데 적합하다.

극세사 타월

극세사 장갑

머리카락의 1/100 정도로 가는 섬유로 만들어진 천이며 흡수성이 뛰어나고 부드러워서 부품에 흠집이 나지 않는다. 게다가 오염물을 닦아내는 힘도 강력하다는 장점이 있다. 전반적인 세차, 약품 닦아내기 등 다양하게 사용할 수 있으므로 여러 개를 준비하면 좋다.

플렉시블 휠 브러시

흙과 먼지는 물론이며 브레이크 더스트로 인해 더러워지기 쉬운 휠을 청소할 수 있는 전용 브러시. 흠집을 내지 않는 스펀지 소재의 브러시이며, 잘 구부러지고 손이 닿지 않는 부분까지 쉽게 청소할 수 있다.

트레이

체인 세척처럼 차체에서 떨어지는 오염물을 받거나 각종 도구를 모아두기에 편리하다. 얕은 것보다는 깊은 것이 다양한 용도로 활용하기 좋다.

정비 스탠드

체인 세척·주유 작업을 할 때 작업 효율을 크게 올려주는 것이 바로 정비 스탠드다. 잭 및 뒷바퀴 아래에 깔아서 사용하며, 바퀴가 이동하지 않고 회전하는 롤러 타입 스탠드도 상관없다.

세차 약품

약품은 효율적인 세차에 빠질 수 없다. 효과적으로 활용하려면 사용 전에 사용 설명서를 확실히 읽어야 한다.

모터바이크용 샴푸

스프레이식 클리너

물 세차에 빠질 수 없는 모터바이크용 세정제. 물에 녹여서 사용하는 샴푸 타입, 직접 분사하는 스프레이 타입이 있다. 샴푸 타입은 충분히 거품을 낸 상태에서 사용해야 한다.

퀵 클리너

물을 사용하지 않고 분사한 뒤 닦기만 하면 오염물을 제거할 수 있는 제품이다. MOTOREX의 퀵 클리너는 분사하기만 해도 발수 효과가 증가하는 이점도 있다.

휠 클리너

생각보다 휠에 강하게 달라붙은 오염물에 대응하려고 만든 전용 클리너. 분사하고 3분 정도 기다리면 거품이 발생하며 오염물이 둥둥 떠오른다. 이를 물로 흘려보내면 되기 때문에 사용법도 간단하다.

체인 클리너

체인 드라이브의 오염물을 제거하는 약품. 데이토나의 체인 클리너는 실 체인을 손상하지 않으며 녹 방지제가 들어 있다. MOTOREX의 체인 클리너는 세정력이 강력하며 고무에 침투하지 않아서 실 체인에도 안전하게 사용할 수 있다.

체인 루브

체인 드라이브를 매끄럽게 만들어준다. 청소 후에 사용하면 지속 시간이 더 늘어난다. 데이토나 체인 루브는 불소 수지를 배합해 반투명하다. MOTOREX 체인 루브는 용도에 맞게 로드, 오프로드, 레이싱의 세 가지 타입으로 나뉘어 있다.

시트 클리너

일반 시트와 다른 소재로 만들어진 모터바이크 시트(천이나 합성 가죽)에 특화된 클리너. 뿌린 뒤에 닦기만 하면 오염물을 손쉽게 제거할 수 있다.

코팅제

세차 후에 광택 및 색감을 유지하는 데 사용한다. MOTO SHINE은 도장, 플라스틱, 도금 부위 등에 사용할 수 있으며 발수 효과도 있다.

내열 왁스

엔진, 머플러 등 고온인 부분의 광택을 보호하는 제품이다. 내열성 고분자 오일 피막 덕분에 270℃에서도 광택이 유지된다.

스크린 클리너

윈도 스크린, 렌즈, 헬멧 실드의 오염물뿐만 아니라 작은 흠집도 제거하는 클리너. 오염물이 다시 묻는 것을 방지하는 효과도 있다.

사용하면 안 되는 부위도 있으므로
제품 설명서를 반드시 확인한다

오일 코팅

오염물 및 산화(녹)로부터 차량을 지키는 약품. MOTO PROTECT는 금속, 도금 부위, 도장 면에 사용할 수 있으며 얇은 오일막으로 먼지와 오염물을 막는다. 장기 보관하거나 녹이 슬기 쉬운 볼트의 머리 부분을 보호하는 데 가장 적합한 약품이다.

세차의 기본

세차 전에 알아둬야 할 기본 정보를 설명한다.
함부로 작업하면 모터바이크에 흠집이 나거나 녹이 발생할 수 있다.

물은 위에서 아래로, 앞에서 뒤로

수압에 주의하기

물을 뿌려서 세차를 할 때 위에서 아래, 앞에서 뒤로 뿌리면 구조상 물에 취약한 부분에 물이 잘 닿지 않는다. 그러나 고압 세척기의 강한 압력으로 물을 뿌리면 좁은 부위까지 물이 들어가서 녹이 발생할 수 있으므로 피해야 한다.

물에 약한 곳 주의하기

대표적인 곳은 머플러

차체의 각 부위에는 내부에 물이 들어가면 작동 불량을 일으키는 곳이 있다. 머플러(사일런서) 내부 외에도 핸들의 스위치 박스, 계기판, 배터리 및 퓨즈 등의 전기 장비에 물이 들어가지 않도록 주의해야 한다.

부드럽게 씻기

오염물은 거품으로 감싸듯이 씻기

오염물이 있는 상태에서 힘을 주고 강하게 씻으면 오염물이 연마제가 돼서 차체에 손상을 입힌다. 오염물을 거품으로 감싼 상태에서 부드럽게 닦고, 잘 지워지지 않는 오염물은 세차 후에 왁스 및 컴파운드로 제거하는 것이 효과적이다.

약품 취급 방법

사용하면 안 되는 부위에 주의하기

체인 루브 및 차체 보호 코팅제가 타이어나 브레이크, 스텝 바, 핸들 그립에 묻으면 미끄러워져서 위험하다. 또한 고무 부위나 온도가 높은 부위 등 사용하면 안 되는 곳이 있으므로 설명서를 잘 확인해야 한다.

물을 사용하는 세차

지금부터 물을 사용하는 세차 방법을 설명한다. 이는 기본적인 세차법이라고 할 수 있다. 흙먼지를 비롯해 심각한 오염물이 묻었다면 물로 세척하기를 추천한다.

차체

외장 엔진을 비롯한 차체 전체를 물로 씻는다. 가장 먼저 물을 뿌리고, 흙과 먼지를 물로 제거하는 것이 핵심.

샴푸를 물에 푼다

적정량의 샴푸를 물에 섞어서(이 제품은 물 1L에 뚜껑 4개 분량, 약 50ml) 세제액을 만든다.

스펀지에 직접 뿌려도 좋다

샴푸를 물에 넣지 않고 물을 머금은 스펀지에 적정량을 뿌리는 방법도 있다.

물로 흙과 먼지를 씻어낸다

먼저 물로 차체에 묻은 흙과 먼지를 씻어낸다. 바로 문질러서 씻으면 흠집의 원인이 되기 때문이다.

스펀지를 사용해 세차한다

세제액을 머금은 스펀지로 차체를 부드럽게 문지른다. 위에서 아래 방향으로 씻는다.

브러시로 엔진을 닦는다

손이 잘 닿지 않는 엔진 주변은 세제액을 묻힌 엔진 브러시를 활용해 닦는다.

브레이크 주변을 닦는다

잘 더러워지는 브레이크 주변은 다루기 쉬운 짧은 브러시로 깔끔하게 청소하자.

POINT

스프레이 타입의 클리너

스프레이 타입의 클리너는 주변을 확인하고 이상이 없는지 제품을 테스트한 후에 약 50cm의 거리에서 분사한다. (노즐을 변경할 수 있다면 거품이 나오는 모드로 한다.) 오염물이 불어날 때까지 기다린 뒤에(최대 3분, 건조하지 말 것) 물로 씻는다. 심각하게 오염된 상태라면 물로 씻기 전에 스펀지나 브러시로 문질러서 씻는다.

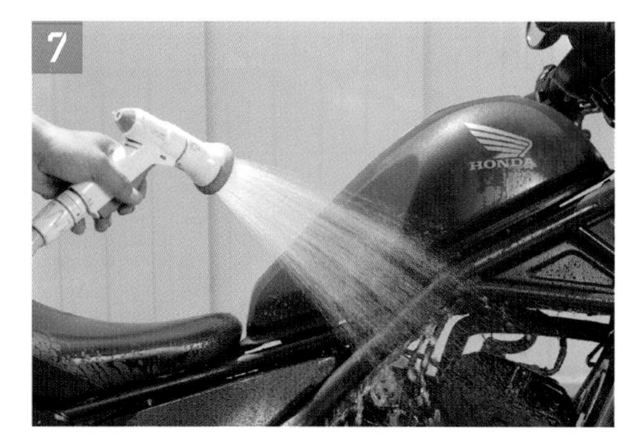

오염물을 물로 씻는다

위에서 아래 방향으로 물을 듬뿍 뿌려서 완전히 사라질 때까지 거품을 씻어낸다.

물기를 닦는다

남아 있는 물기는 얼룩의 원인이 되기 때문에 마른 천으로 물방울을 닦는다.

휠

휠은 오염물이 딱딱하게 굳어 있어서 깨끗하게 청소하기 어려운 부위다. 전용 약품과 도구를 사용해 씻어야 한다.

물로 씻는다

먼저 바퀴에 물을 듬뿍 뿌려서 흙과 먼지를 씻어낸다.

클리너를 뿌린다

휠 클리너를 뿌려서 오염물이 위로 뜨는 것을 기다린다.

브러시를 사용해 닦는다

손이 잘 닿지 않는 곳은 휠 브러시를 사용해 구석구석에 묻은 오염물을 닦는다.

오염물과 거품을 씻어낸다

물을 듬뿍 뿌려서 오염물과 클리너를 씻어낸다.

마르기 전에 닦는다

건조해지기 전에 마른 천으로 물을 닦는다. 극세사 수건을 사용하면 편하다.

물을 사용하지 않는 세차

휠씬 편한 방법을 소개한다. 바로 물을 사용하지 않는 세차다.
시간이 얼마 걸리지 않고 과정도 단순하기에 투어링 중에도 할 수 있다.

차체

MOTOREX 클리너로 씻는다. 사용하기에 적절하지 않은 부위가 있으므로 설명서를 확인한 뒤에 작업해야 한다.

직접 분사한다

분사한 뒤에 오염물이 위로 뜰 때까지 몇 초간 기다린다. 위로 뜨지 않는 모래나 흙이 있다면 살짝 제거한 뒤에 작업한다.

마른 천으로 닦는다

용액이 마르기 전에 부드러운 천으로 닦는다. 사진에 보이는 장갑은 뒷면이 극세사 소재다.

금속 부위에 사용할 수 있다

퀵 클리너는 금속 부위에도 사용할 수 있으나 되도록 손이 닿지 않는 부위에는 사용하지 않는다.

마르기 전에 닦는다

발수 효과를 얻으려면 마르기 전에 깨끗이 닦아내야 한다. 닦지 않고 말리면 얼룩이 남을 수 있으니 주의한다.

POINT

타이어, 그립, 스텝에는 사용하지 않기

해당 부위에 퀵 클리너를 뿌리면 악영향을 미칠 수 있으므로 사용하면 안 된다. 근처 부위라도 묻을 가능성을 생각해 아예 뿌리지 않는 것이 좋고, 뿌린다면 확실히 보호해 용액이 묻지 않도록 주의한다.

시트

시트는 반들반들하게 미끄러운 상태로 유지하면 위험하다. 씻을 때는 전용 클리너를 사용하는 편이 좋다.

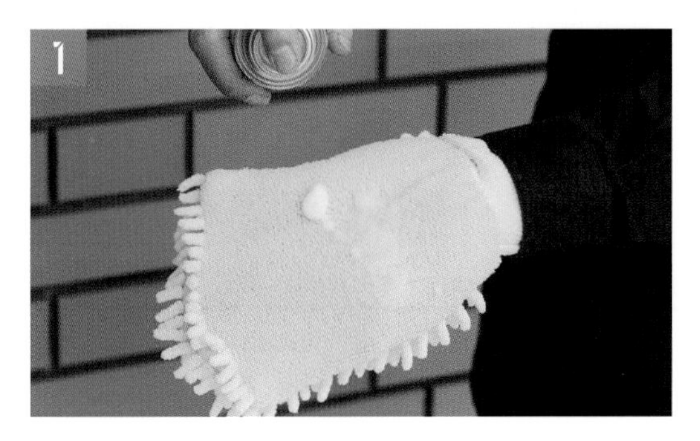

부드러운 천에 스프레이를 뿌린다

오염 상태가 심하지 않다면, 부드러운 천에 시트 클리너를 분사해 용액을 묻힌다. 시트 클리너는 뿌리기 전에 충분히 흔들어서 내용물을 섞는다.

시트를 닦는다

용액을 묻힌 천으로 시트를 닦는다. 심각하게 오염됐다면 시트에 직접 분사하고 3~5분 뒤에 닦는다.

POINT

시트가 뜨거운 상태에서는 용액이 금방 마르고 얼룩이 남을 수 있으므로 미리 물을 뿌려서 온도를 낮춘다.

사용 후에는 손을 씻는다

세차가 끝난 이후에는 비누를 사용해 손을 깨끗이 씻는다.

체인 드라이브의 세척과 윤활

체인 드라이브는 주행할수록 더러워지고 저항이 늘어난다.
세척과 윤활을 하면, 원래 성능을 발휘할 수 있다.

체인 클리너를 뿌린다

체인을 돌리면서 클리너를 뿌린다. 타이어의 고무, 도장 면에 묻지 않도록 주의한다.

전용 브러시를 사용한다

단단하게 굳은 오염물은 문질러서 세척해야 하는데, 사진과 같은 전용 브러시가 있으면 쉽게 작업할 수 있다.

체인 전면을 문지르며 세척한다

보이는 면뿐만 아니라 표면, 윗면과 아랫면(롤러 부위) 모두 문질러서 세척한다.

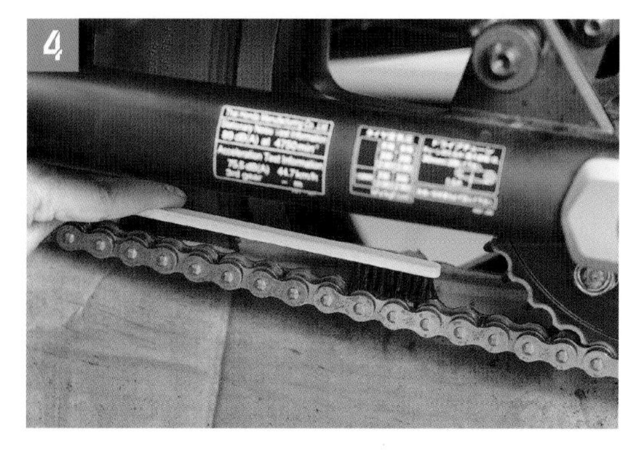

여러 종류의 브러시가 있으면 편리하다

체인 브러시로는 전면을 세척하기 어려운 차종도 있으므로 일반적인 동물 털 브러시를 사용하면 편리하다.

스프로킷도 닦는다

스프로킷도 더러워진다. 그대로 방치하면 체인이 다시 더러워지므로 체인과 함께 닦는다.

오염물을 걸레로 닦는다

남은 오염물을 걸레로 닦아 마무리한다. 걸레를 쥔 손으로 윗면과 아랫면을 누르고, 울퉁불퉁한 롤러 부분부터 꼼꼼하게 닦아야 한다.

스프로킷의 오염물을 닦는다

스프로킷에 남은 오염물도 닦는다.

체인 루브를 잘 흔들어서 섞는다

체인 루브는 사용 전에 내용물이 골고루 섞이도록 캔을 위아래로 흔든다.

체인 루브를 뿌린다

15~20cm 떨어진 거리에서 체인 루브를 뿌린다. 휠을 돌리며 (손을 사이에 넣지 않기) 한 바퀴를 다 돌 때까지 뿌린다.

롤러 부분의 윤활이 중요하다

플레이트 측면뿐만 아니라 플레이트 사이, 롤러 부분에도 체인 루브를 뿌리는 것이 중요하다.

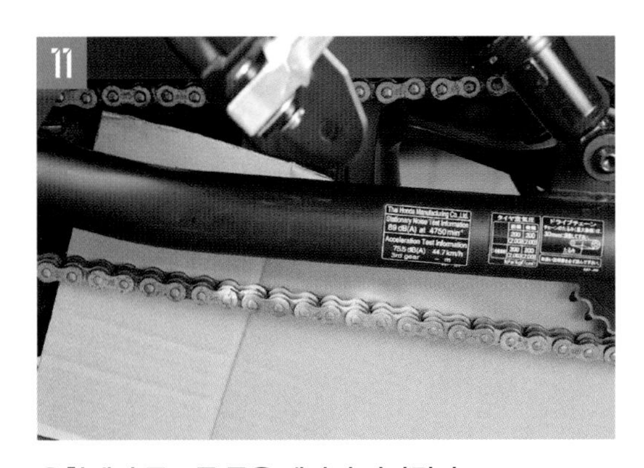

윤활제가 골고루 묻을 때까지 기다린다

뿌린 뒤에는 침투할 때까지 5~10분 기다린다. 이 체인 루브는 뿌린 부분이 하얗게 변하는 제품이다.

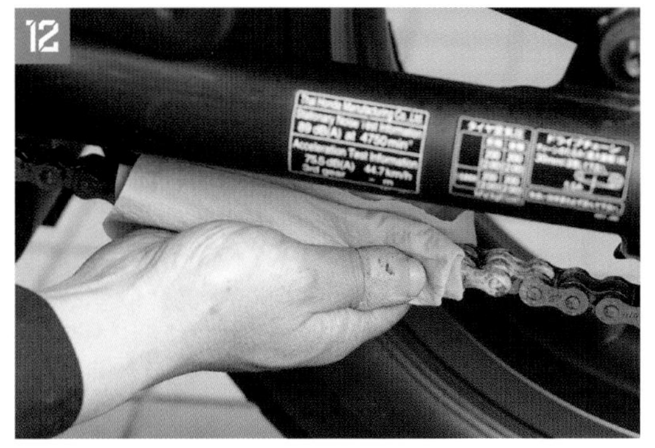

남은 부분을 닦는다

사용한 체인 루브는 다른 곳으로 날아가면서 흩어지지 않지만, 많은 양을 뿌렸다면 남은 부분을 닦는다.

POINT

MOTOREX의 체인 루브

MOTOREX의 체인 루브도 사용 순서는 똑같지만 뿌린 뒤에 침투할 때까지 30분을 기다리라고 권장한다. 이런 식으로 제품에 따라 사용 방법이 달라지기 때문에 미리 설명서를 확인해야 한다.

왁스 · 코팅

세차를 끝내고 깔끔한 모습을 오래 유지하기 위해 왁스 코팅 작업을 한다.
제품에 따라 달라지는 사용 방법을 확인해 놓아야 한다.

외장

외장 부품의 코팅 작업을 진행한다. 미리 세차를 끝내고 오염물을 확실하게 제거해 놓아야 한다.

용기를 흔들어 내용물을 섞는다

용기를 흔들어서 내용물이 골고루 섞이도록 한다.

걸레에 뿌린다

극세사 수건처럼 부드럽고 흠집을 내지 않는 천에 용액을 분사한다.

코팅한다

코팅하고 싶은 부분을 용액이 묻은 천으로 문지른다.

다른 걸레로 닦는다

깨끗한 극세사 수건을 하나 더 사용해 용액을 바른 부분을 닦으면 끝이다.

도금 부분에도 사용할 수 있다

MOTOREX 모토 샤인은 도장 면, 도금, 플라스틱 부위에도 사용할 수 있다.

POINT

코팅제를 사용할 수 없는 부분이 있다. 보통 눈에 띄지 않는 곳에 먼저 도포한 뒤에 문제가 없음을 확인하고 작업하는 편이 좋다.

타이어 브레이크에는 사용할 수 없다.

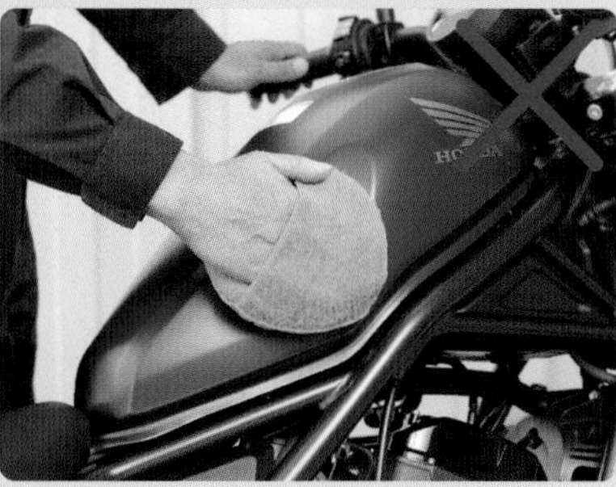

매트 마감된 부위에도 사용할 수 없다.

모토 샤인은 타이어, 브레이크, 핸들, 스텝 등 미끄러우면 위험한 부위에 사용하는 것을 금한다. 혹시라도 작업 중에 묻었다면 깨끗하게 닦아야 한다. 묻은 부위의 질감에도 영향을 주기 때문에 레블 250의 매트로 마감된 도장 면에도 사용하면 안 된다.

머플러

온도가 높아지는 부위의 코팅에는 전용 약품을 사용한다. 데이토나의 내열 왁스를 사용해 작업 순서를 설명한다.

오염물을 제거한다

화상을 막기 위해서 머플러와 엔진이 식은 상태에서 오염물을 씻는다.

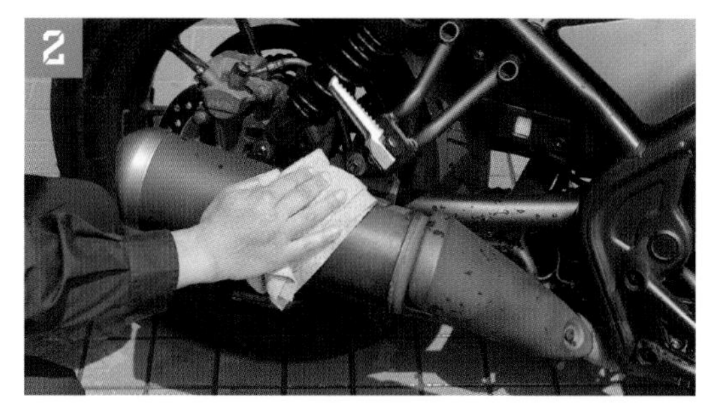

물기를 닦는다

극세사 수건을 사용해 물기를 닦고 건조한 상태로 만든다.

내용물을 잘 섞는다

용기를 위아래로 흔들어서 내용물을 잘 섞는다.

내열 왁스를 뿌린다

15cm 정도 떨어진 거리에서 일정하게 분사한다. 머플러에 사용한다면 타이어에 묻지 않도록 주의하며 작업한다.

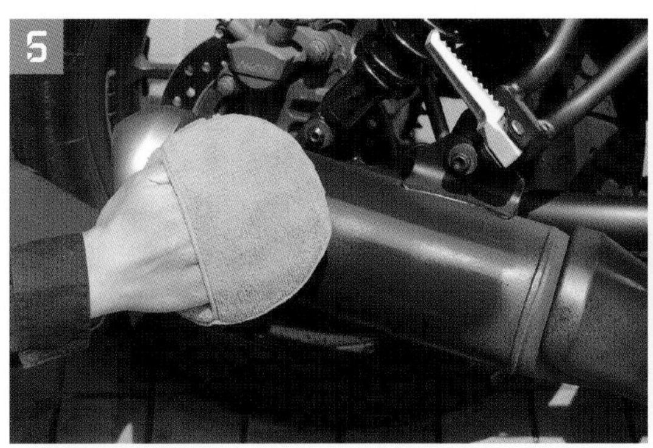

깨끗한 천으로 닦는다

왁스를 뿌린 후 깨끗한 천으로 닦는다. 모터바이크를 타야 하는 경우, 10~15분 정도 기다리고 완전히 마른 뒤에 탑승한다. 코팅하면 광택이 오래 유지되며, 물을 뿌리기만 해도 간단히 오염물을 씻을 수 있다.

브레이크 및 타이어에 묻었다면 물로 청소한다

타이어와 브레이크, 조작부에 묻었다면 곧바로 수건에 물을 묻혀 용액을 제거한다.

스크린 · 렌즈

윈도 스크린 및 라이트의 렌즈처럼 흐려지면 불편해지는 부위에 사용하는 용품으로 흠집이나 물때를 제거하는 약품이 있다.

미리 모래 먼지를 제거한다

흠집이 나는 원인이 될 수 있으니 모래 먼지는 물로 씻어서 제거한다.

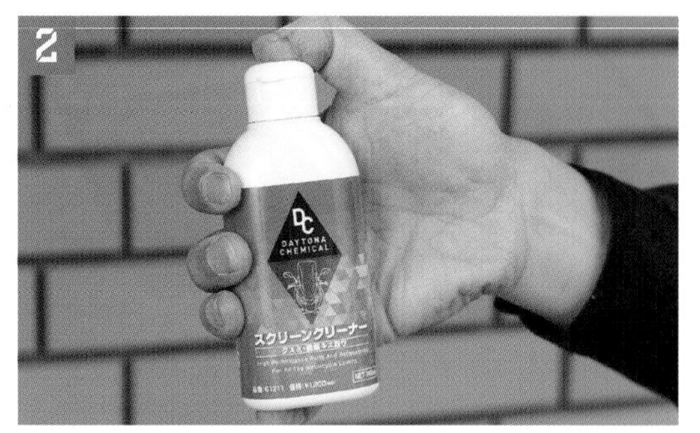

뚜껑을 누르고 흔들어서 내용물을 섞는다

사용 전에 흔들어서 내용물을 섞는다. 샐 가능성이 있으므로 뚜껑을 확실히 누른 채로 흔든다.

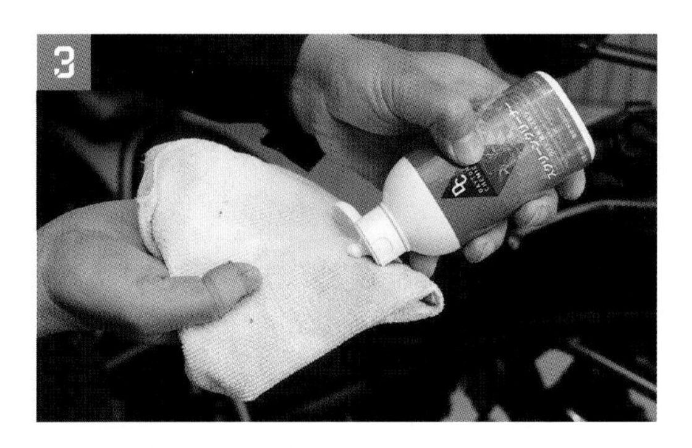

스크린 클리너를 묻힌다

스펀지나 부드러운 천에 스크린 클리너를 적당량 묻힌다.

부위를 닦는다

물때, 빗물 얼룩, 작은 흠집이 있는 부위를 원 모양으로 문지른다.

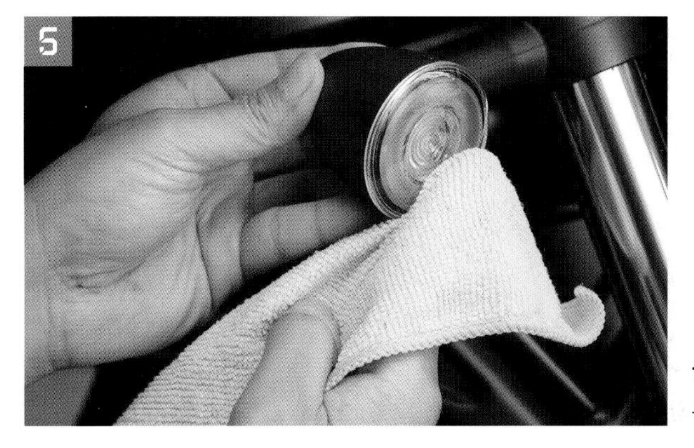

클리너를 닦는다

클리너가 마르기 전에 부드러운 천으로 잘 닦아낸다.

녹 방지

바다가 가까운 지역처럼 금속에 녹이 발생하기 쉬운 환경에서 라이딩을 하는 사람에게 추천하는 제품이다. 녹 방지 효과가 뛰어나다.

잘 흔들어서 내용물을 섞는다

먼저 차체를 씻고 오염물을 제거한다. 뿌리기 전에 캔을 잘 흔들어서 내용물을 섞는다.

코팅 부위에 뿌린다

도포할 부위에 뿌린다. 타이어, 브레이크, 그립, 스텝에는 사용할 수 없으며 묻었다면 깨끗이 지워야 한다.

깨끗한 천으로 닦는다

부드럽고 깨끗한 천으로 닦는다. 이제 뛰어난 방녹 효과와 오염 보호 효과를 얻었다.

POINT

도금도 녹이 슨다

핸들과 머플러에 도금을 많이 한다. 도금은 녹에 강해 보이지만 녹이 아예 슬지 않는 것은 아니다. 도금 표면에 아주 작은 구멍이 있으며 이곳으로 수분과 공기가 들어가서 녹이 발생한다. 이를 방지하는 전용 약품도 있으므로 사용을 원하는 사람은 함께 갖춰놓는 것을 추천한다.

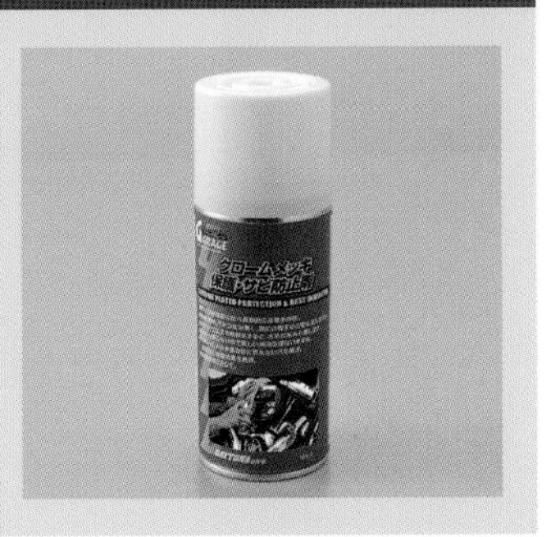

세차 시 주의사항

세차에는 공통되는 주의사항이 있다. 이를 지키지 않으면 모터바이크를 아끼는 마음에서 한 행동이 역효과를 부를 수 있으니 잘 알아두자.

구름 한 점 없이 푸른 하늘을 보고 '오늘은 세차하기 딱 좋은 날이다!'라고 생각할 수 있지만, 사실은 틀렸다. 날씨가 좋으면 차체 온도가 높아지며 용액과 약품이 말라서 얼룩이 생길 가능성이 크다. 또한 햇빛이 강한 날에는 물로 세차한 뒤에 남아 있던 물이 렌즈 역할을 하면서 도장 열화의 원인이 되기도 한다. 해가 진 저녁에도 마찬가지이므로 세차하기 좋은 날은 흐린 날이라는 사실을 명심하도록 하자.

맑은 날에는 세차하지 않는다

맑은 날에 물로 세차하면 물방울이 렌즈가 된다. 특히 색이 옅은 면은 이로 인해 쉽게 열화될 수 있다.

매트 도장은 약품을 사용할 때 주의한다

최근에 매트 마감이 유행하고 있는데, 왁스를 비롯한 용품 중에는 여기에 사용할 수 없는 것들이 있다. 이 몇몇 제품은 공들여 매트 마감으로 만든 색감을 망가뜨린다.

POINT

약품의 건조에 주의하기

세차 및 코팅에 사용하는 약품은 도포한 뒤에 물을 뿌리고, 씻고, 닦는 순서가 정해져 있다. 생각보다 시간이 걸려서 약품이 마르면 얼룩이 돼서 도장 면을 훼손한다. 약품을 쓰기 전에 반드시 사용 순서를 확인해야 한다.

옮긴이 강태욱

대학에서 경영학을 전공하고, 현재 출판기획 및 일본어 전문 번역가로 활동 중이다. 주요 역서로는《잠수함의 과학》《전술의 본질》《세계 명작 엔진 교과서》《맛과 멋이 있는 도쿄 건축 산책》《자동차 세차 교과서》《5분 논리 사고력 훈련 초급》등이 있다.

자료 협조

- 혼다 드림 요코하마 아사히(점장 : 기구치 히데키)
  주소 : 가나가와현 요코하마시 아사히구 쓰오카쵸 11-3
  Tel : 045-958-0711
  URL : https://www.dream-tokyo.co.jp/shop_asahi/
- 스피드 하우스(점장 : 스즈키 요시쿠니)
  주소 : 사이타마현 이루마시 미야데라 2218-3
  Tel : 04-2936-7930
- 렌털819(주식회사 기츠키)
  접수 센터 Tel : 050-6861-5819
  URL : https://www.rental819.com

모터바이크 정비 교과서

라이더의 심장을 울리는 모터사이클 정비 메커니즘 해설

1판 1쇄 펴낸 날 2025년 3월 20일

지은이 스튜디오 택 크리에이티브
옮긴이 강태욱
주간 안채원
책임편집 윤대호
외부 디자인 이가영
편집 채선희, 윤성하, 장서진
디자인 김수인, 이예은
마케팅 함정윤, 김희진

펴낸이 박윤태
펴낸곳 보누스
등록 2001년 8월 17일 제313-2002-179호
주소 서울시 마포구 동교로12안길 31 보누스 4층
전화 02-333-3114
팩스 02-3143-3254
이메일 bonus@bonusbook.co.kr

ISBN 978-89-6494-739-5 03550

• 책값은 뒤표지에 있습니다.